物理科学計測のための
統計入門

Data Analysis for Physical Sciences

—分光スペクトルと化学分析への応用—

河合　潤
田中 亮平
今宿　晋
国村 伸祐

アグネ技術センター

Data Analysis
for
Physical Sciences

First Published, 2019

Printed in Japan
AGNE Gijutsu Center, Tokyo
ISBN 978-4-901496-99-5

まえがき

本書は科学的計測や化学分析における (i) 測定値の取り扱い方，(ii) スペクトル (時系列データ) のスムージング，ピーク分離，フーリエ変換などのデータ処理，(iii) 測定に際しての計測パラメータの決め方や装置設計指針の決めかた，(iv) ラプラス変換やグリーン関数の計測における意味，(v) 情報エントロピー (情報量) のデータ解析への応用についてやさしく解説した教科書である．(vi) 乱数を用いた模擬実験についても詳しく解説した．

物理科学計測では検出器やセンサーで測定したアナログ信号がデジタル化されて 1 次元の時系列データとしてコンピュータに取り込まれる．そのような計測においては，積算時間，信号強度，分光器の分解能などの計測時のパラメータをどのように決定すればよいか，データをどう扱い，どのように表示するか，得られた測定値の物理的な意味とは，などについての知識なくしては的確なデータを得ることはできない．スペクトルを時系列の 1 次元データとして扱った場合に，Fourier 変換，Savitzky-Golay スムージング，ピーク分離等をどのように行うべきかについて具体的に説明した．したがってイメージングやマッピングなどの 2 次元データは，本書の範囲外である．

本書は京都大学工学部物理工学科を卒業して大学院へ進学した修士課程院生に対して 1990 年代から河合がおこなってきた「物質情報工学」と題する講義をベースとしている．乱数を自分で作り，模擬的な測定データをスムージングしたり，フーリエ変換するなどのレポート提出を通して一通りのデータ処理法を学ぶ．この講義で独創的なレポートを提出してくれた学生諸君に感謝する．本書はそのようなレポートにヒントを得て執筆されたものでもある．本書はまた，物質情報工学研究室 (河合研究室，Materials Informatics Lab.) の出身者と在籍経験者が共同執筆したテキストでもあり，研究室で普段から研究に用いている方法やコツをまとめたものでもある．

「マイクロコンピュータ」が機器分析装置に導入されたのは1970年代後半から1980年代であったが，1986年に出版された大阪大学南茂夫研究室執筆の『科学計測のための波形データ処理』[1] は大いに参考にさせていただいた．もちろん，1970年代初期に情報科学を化学に取り入れた中條利一郎の『高分子科学者のための情報科学』[2] も参考にした．スムージングやデコンボリューションをX線スペクトル解析に取り入れた東京大学合志陽一研究室執筆の『化学計測学』[3] のアップデート版をも目指した．しかし本書は，流行には流されない一定の視点も示した．最近よく読まれている上本道久の2冊の著書も参考にした．

本書の一部はアグネ技術センターの月刊誌「金属」に連載した解説7報 [4-10] を基にしているが，全面的に書き改めた．できるだけ細切れの節（§）としたのは，該当する短い § だけを読めば必要な知識が得られるようにしたからである．索引も充実させたので利用してほしい．

参考文献

[1] 南　茂夫 編著：『科学計測のための波形データ処理』CQ出版 (1986).

[2] 中條利一郎 著：『高分子科学者のための情報科学』共立出版 (1973).

[3] 合志陽一 編著：『化学計測学』昭晃堂 (1997), 第7章「データ処理」.

[4] 河合　潤，田中亮平，弓削是貴，今宿　晋：「鉄酸化物の共有結合性・溶解度・還元性の電子状態計算に基づく解釈」, 金属, **85** (10), 831-838 (2015).

[5] 河合　潤：ラプラス変換は誰が発見したか？(1), 熱と温度の違い―ラプラス変換の意味, 金属, **87** (4), 328-332 (2017).

[6] 河合　潤：ラプラス変換は誰が発見したか？(2), ベクトルの内積―フーリエ変換の意味, 金属, **87** (5), 439-442 (2017).

[7] 河合　潤：ラプラス変換は誰が発見したか？(3), グリーン関数, 金属, **87** (6), 539-544 (2017).

[8] 河合　潤，田中亮平：ラプラス変換は誰が発見したか？(4), シュレディンガー方程式―虚時間の拡散現象, 金属, **87** (7), 631-635 (2017).

[9] 河合　潤：ラプラス変換は誰が発見したか？(5), ベクトル解析, 金属, **87** (8), 715-722 (2017).

[10] 河合　潤：ラプラス変換は誰が発見したか？(6), 正準集合, 金属, **87** (9), 799-802 (2017).

目　次

まえがき ……………………………………………………………… i

§1　中心極限定理……………………………………………… 2
§2　一様乱数……………………………………………………… 4
§3　母関数………………………………………………………… 6
§4　モーメント…………………………………………………… 9
§5　モンテカルロ法……………………………………………14
§6　サンプル………………………………………………………19
§7　分解能…………………………………………………………22
§8　モンテカルロ積分……………………………………………24
§9　サンプリング数と測定精度………………………………27
§10　分母が $n-1$ になる理由………………………………29
§11　1回だけの測定の重要性…………………………………33
§12　情報量（エントロピー）…………………………………37
§13　統計物理におけるエントロピー最大化………………40
§14　最大エントロピー法（MEM）……………………………44
§15　自己相関関数と最大エントロピー法によるスペクトル推定……………48
§16　回帰分析………………………………………………………55
§17　正規乱数を用いた模擬実験データ………………………58
§18　Savitzky-Golay スムージング係数の導出方法…………60
§19　Savitzky-Golay スムージングの実例……………………64
§20　フーリエ変換の基礎………………………………………66
§21　模擬実験データのフーリエ変換…………………………72
§22　伝達関数………………………………………………………75

§23　デコンボリューション……………………………………………………77
§24　ピーク分離……………………………………………………………………81
§25　グリーン関数…………………………………………………………………84
§26　AIC とスプライン関数法……………………………………………………92
§27　モーメント母関数……………………………………………………………96
§28　特性関数………………………………………………………………………99
§29　熱と温度の違い ……………………………………………………………103
§30　ラプラス変換 ………………………………………………………………105
§31　シュレディンガー方程式と拡散方程式の類似性 …………………………112
§32　四捨五入 ……………………………………………………………………119
§33　実数連続と AI………………………………………………………………121
§34　酸と酸化 ……………………………………………………………………126
§35　酸と塩基 ……………………………………………………………………127
§36　酸化と還元 …………………………………………………………………131
§37　ブランクとコントロール …………………………………………………134
§38　検出下限 ……………………………………………………………………135
§39　仮説検定 ……………………………………………………………………140
§40　国際標準 ……………………………………………………………………145
§41　寺田の法則 …………………………………………………………………152
§42　Tsallis エントロピー ………………………………………………………153
§43　鉄化合物の化学状態 ………………………………………………………157
§44　酸化鉄の化学状態分析 ……………………………………………………162
§45　酸化鉄のイオン結合性・共有結合性と酸化還元性 ………………………165
§46　キャラクタリゼーション …………………………………………………168

コラム　対立概念 ………………………………………………………………125
　　　　ベイズ統計とモンテカルロ法について…………………………………170
索　引 ……………………………………………………………………………171

物理科学計測のための統計入門

—分光スペクトルと化学分析への応用—

§1　中心極限定理

中心極限定理 (central limit theorem) は，統計学における重要な定理であり，物理計測においても，中心極限定理を利用している．

中心極限定理を一言で説明すれば，「たいていの観測の場合，多数の観測の和（または観測値の和を観測回数で割った平均）をとれば，その分布は正規分布に近似できる」[1] という定理である．

0 から 1 の区間の数値が同じ頻度で出現する乱数〔区間 [0, 1] の一様乱数〕を 100 万個発生させて，隣接する 10 個ずつの和からなる 10 万個の新たな乱数をつくると，その 10 万個の乱数の度数分布は正規分布になる (**図 1.1**)．区間 [0, 1] の一様乱数の平均は 0.5 だから，その 10 個の和は，5 にピークを持つ正規分布となる．また区間 [0, 1] の一様分布の標準偏差を σ とすると，§4 式 (4.13) によって $\sigma = 0.2887$ となるが，中心極限定理によると 10 個の和の標準偏差は $\sqrt{10}\sigma = 0.91$ となる (表 5.1)．図 1.1 には平均 5，標準偏差 0.91 の正規分布も実線で重ねて描いてある．

これが中心極限定理である．「たいていの観測の場合」とは，一様乱数に限らないという意味である．清水良一著『中心極限定理』[2] の冒頭には「この美しい定理は“証明はむずかしい”と言う理由で，統計学の本では証明なしで述べられることが多い」と書かれているとおり，数学的に証明するためには予備知識を必要とするが，乱数を用いて数値実験を行えば十分な精度で中心極限定理の本質を知ることができる．

岩沢 [1] によれば，1810 年にラプラスが中心極限定理を定式化し，さまざまな極限定理の中で最も重要であるという意味で，1920 年にジョージ・ポリアが central limit theorem と呼び始めたのが「中心極限定理」という名前の由来である．

保江邦夫 [3] は中心極限定理のことを「確率変数の詳細がわからなくても，それをたくさん集めてきて足し合わせれば，性質がはっきりとわかった確率変数

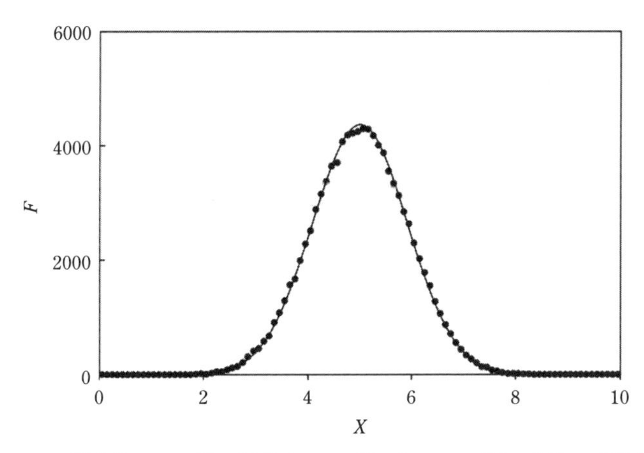

図 1.1　一様乱数 100 万個の隣接する 10 個の和，10 万個の乱数の度数分布.

《正規分布》になる」と述べた上で，少数精鋭でスタートした優秀なベンチャー企業が大会社になると，平凡な会社になってしまうのも中心極限定理の一例だと述べている．真の物理現象が一様乱数であっても，計測器の中で和をとる操作を行えば，中心極限定理によって正規分布が観測されるので，もとの物理現象も正規分布だと思いがちであるが，本当のところはわからない．中心極限定理の許容範囲は広くて，かなり歪んだ分布でも和をとれば正規分布となる.

参考文献

［1］岩沢宏和:『世界を変えた確率と統計のからくり 134 話』，SB クリエイティブ (2014) 第 075 話「中心極限定理」，p.156．ジョージ・ポリア（1887-1985）は『いかにして問題をとくか』柿内賢信訳，丸善（1954，1975）などの著書で有名.

［2］清水良一：『中心極限定理』，教育出版 (1976) の「はしがき」．この本の序章には，中心極限定理を発展させた人々が挙げられている．事後確率と事前確率の関係を研究したド・モアブル (1667～1754)，算術平均の計算に母関数を用いたシンプソン (1710～1761) とラグランジュ (1736～1813)，特性関数（フーリエ変換）を用いたラプラス (1749～1827)，最小 2 乗法のルジャンドル (1752～1833)，正規分布のガウス (1777～1855)，誤差論のヤング (1773～1829)，ハーゲン (1797～1884)，ベッセル (1784～1846)，ロシアのチェビシェフ (1821～1894)，マルコフ (1856～1922)，コルモゴロフ (1903～1987) 等の名前が挙げられている.

［3］保江邦夫：『確率微分方程式，入門前夜』，朝倉書店 (1999) p.14.

§2　一様乱数

離散確率変数 (random variable) を X で表す．サイコロの場合は $X=1, 2, 3, 4, 5, 6$ である．サイコロの目が X となる確率 $P(X)$ は 1/6 であるから，$X=1$ ～6 に対して P をプロットすれば**図 2.1** となる．

サイコロはどの目も 1/6 の確率で出現する．サイコロを振ると 1 ～ 6 の目がランダムに，しかし等しい確率で出現する．これは一様乱数の例である．2 個のサイコロの目の和は $X_1 + X_2 = 7$ (中央値) の出現確率が最大となる．サイコロの数を 10 個，100 個と増やすとき，その目の和は，次第に正規分布

$$N(\mu, \sigma^2) = \frac{1}{\sqrt{2\pi}\sigma} \exp\left\{-\frac{(x-\mu)^2}{2\sigma^2}\right\} \tag{2.1}$$

に近づく．これが中心極限定理である．ただしサイコロは離散的である．式 (2.1) は連続関数である．ここで μ は平均，σ^2 は分散である．

図 2.2 に式 (2.1) の正規分布をプロットした．正規分布は，ガウス分布，ガウス関数，ガウシアンなどともいう．全面積を 100%とすると，$\mu \pm \sigma$ の範囲内の面積は 68%，$\mu \pm 2\sigma$ の範囲内の面積は 95%，$\mu \pm 3\sigma$ の範囲内の面積は 99.7%となる．1000 回の測定を繰り返して 3σ を外れた値が観測されるのは，1000 回の内の 3 回以下であるということができる．

2σ 以内に入る測定値は 955 個になる (0.9545 を四捨五入すると 95%とも 95.5%とも言うことができる)．1000 回程度ならこの回数から外れることもあるが，100 万回試行すれば，それなりに理論通りになる．理論通りの回数を得るための繰り返し回数を 10^n 回として，n をどの程度まで大きくしなければならないかは，§9「サンプリング数と測定精度との関係」で詳述する．図 2.2 の FWHM (full width at half maximum，半値幅，半値全幅ともいう．ピークの

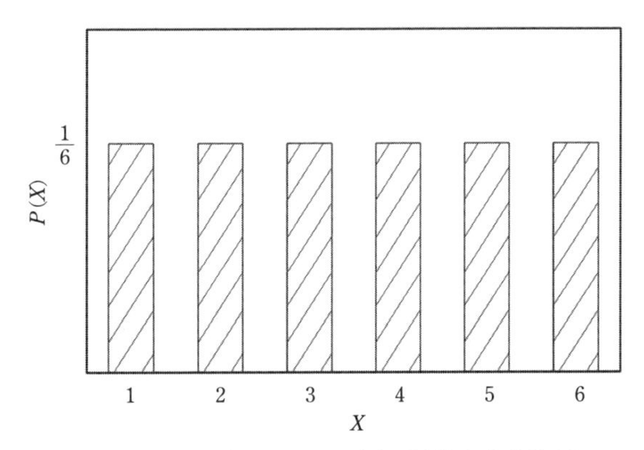

図 2.1　サイコロ 1 個の目 X と確率 $P(X)$ を表す棒グラフ.

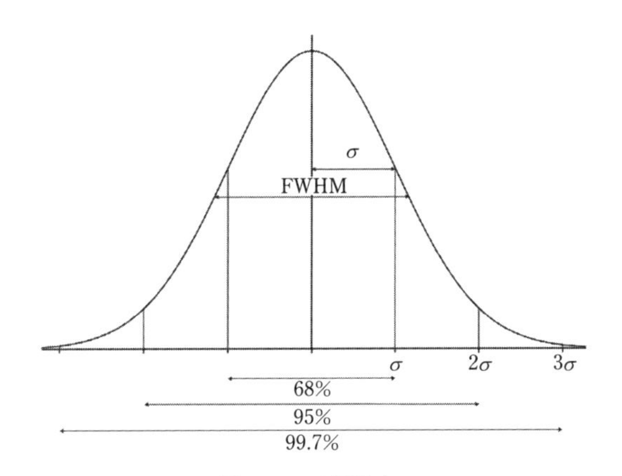

図 2.2　正規分布.

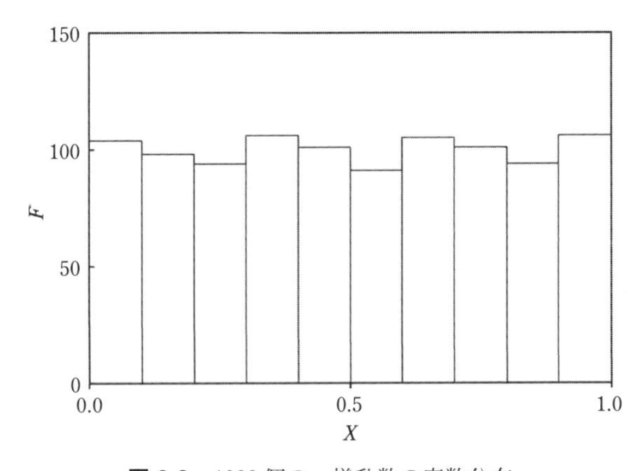

図 2.3　1000 個の一様乱数の度数分布.

$\frac{1}{2}$高さの幅）は，$2\sqrt{2\ln 2}\sigma$，片側だけ（半値半幅，HWHM，half width at half maximum）なら$\sqrt{2\ln 2}\sigma$となる．

図 2.3 は $\Delta x = 0.1$ として 1000 個の一様乱数の度数分布をプロットしたものであり，1000 個程度ではバラツキが大きいことがわかる．

§3　母関数

2 個のサイコロを振った場合について目の和の分布を調べる．2 個のサイコロの目の和を数えつくしたものを**図 3.1** に示す．図 3.1 を縦の列で見ると，数字が規則的に並ぶように作図してある．2 個のサイコロを多数回振ると，その目の和の度数分布は，図 3.1 に示すように離散三角分布となる．

3 個のサイコロを振ったとき，その目の和の度数分布はどうなるか？ 図 3.1 のような目の組み合わせを 3 個のサイコロに対して漏れなく数えつくすことは容易ではない．サイコロ 3 個の目の和は 3～18 までの整数値をとる．目の和 3～18 が現れる確率を計算するには，

$$G(t) = \frac{1}{6}(t + t^2 + t^3 + t^4 + t^5 + t^6) \tag{3.1}$$

という関数 $G(t)$ を考える[1]．サイコロの各目は$\frac{1}{6}$の確率で出るので$\frac{1}{6}$を掛けてある．3 個のサイコロを同時に振ったときの目の和が出現する確率は，多項式 (3.1) の積

$$\{G(t)\}^3 = \frac{1}{216}(t + t^2 + t^3 + t^4 + t^5 + t^6)^3 \tag{3.2}$$

の係数となる．t の次数はサイコロの目の和を示している．式 (3.2) の右辺を計算すると，

					6+1					
				5+1	5+2	6+2				
			4+1	4+2	4+3	5+3	6+3			
		3+1	3+2	3+3	3+4	4+4	5+4	6+4		
	2+1	2+2	2+3	2+4	2+5	3+5	4+5	5+5	6+5	
1+1	1+2	1+3	1+4	1+5	1+6	2+6	3+6	4+6	5+6	6+6
和 2	3	4	5	6	7	8	9	10	11	12

図 3.1　サイコロ 2 個を振ったときの目の和ごとの場合の数の数え上げ．各箱は同確率 1/36.

$$\frac{1}{216}(t^3+3t^4+6t^5+10t^6+15t^7+21t^8+25t^{10}+27t^{11}+25t^{12}+21t^{13}$$
$$+15t^{14}+10t^{15}+6t^{16}+3t^{17}+t^{18}) \tag{3.3}$$

となる．たとえば 11 次の項 t^{11} の係数は $\frac{27}{216}$ であるが，これはサイコロ 3 個の目の和が 11 になる確率である．一般の問題に対しても同様に，運よく $G(t)$ が見つかれば，サイコロの目の組み合わせを代数式に翻訳したように，$G(t)$ を用いて計算可能である．$G(t)$ を**確率母関数**と呼ぶ．**母関数**は generating function の和訳である．式 (3.3) と類似した式はシンプソンの論文[2, 3]に出ている．

1 から 6 の目が出る確率をそれぞれ p_1 から p_6 と表すとき，式 (3.1) は，

$$G(t) = p_1 \cdot t + p_2 \cdot t^2 + p_3 \cdot t^3 + p_4 \cdot t^4 + p_5 \cdot t^5 + p_6 \cdot t^6 \tag{3.4}$$

と一般化できる．

正規分布のような，ある特定の確率分布に対して，その母関数を見つけることは必ずしも容易ではない．先人が見つけた母関数を利用して，正規分布の和が正規分布になるというような確率分布がもつ性質を証明したりするのに用いる[4]．

母関数には**確率母関数** $G_x(t) = E[t^x]$，**モーメント母関数（積率母関数）** $M_x(t) = E[e^{tx}]$，**特性関数** $\phi_x(t) = E[e^{itx}]$，**キュムラント母関数** $C_x(t) = \log M_x(t)$ などがある[5]．ここで $E[X]$ は X の期待値を表す．キュムラント母関数は，モーメント母関数の対数である．キュムラントは「モーメントの cumulative（累積和）」であることに由来する．対数をとることによってモーメントの積がキュ

ムラントの和になる．特性関数はラプラスが用いた母関数で，確率分布 $P(x)$ をフーリエ変換したものである[6]．すなわち，$\phi(t)=\int e^{itx}P(x)dx$.

参考文献

［1］岩沢宏和：『世界を変えた確率と統計のからくり 134 話』, SB クリエイティブ (2014) の第 063 話「母関数の身近な利用例―シッカーマン・ダイス」, p.139.

［2］清水良一：§1 文献 [1] p.9 の序章に Thomas Simpson (1710～1761) が 1775 年に王立学会会長にあてた手紙 [4] の引用がある．「観測器具や感覚器官の不正確さなどが原因で生じる観測誤差を少なくするために，天文学者は普通，複数個のデータをとってその算術平均を使う，という方法を用いておりますが，これはいまだ一般に受け入れられてはおらず，著名な人の中にも，注意深くとられた 1 個の観測値は算術平均と同じ程度に信頼できる，というご意見の方々もあるようです.」

［3］T. Simpson: "A letter to the Right Honourable George Earl of Macclesfield, President of the Royal Society, on the Advantage of taking the Mean of a Number of Observations, in practical Astronomy", Philosophical Transactions, **49**, 82-93 (1755). シンプソンは数値積分のシンプソンの公式で有名な英国の発明家．清水良一は王立学会 (The Royal Society of London) 会長にあてた手紙だと述べているが，手紙の形式をとった論文であり，現代の多くの学術雑誌でも Letter セクションとして名残をとどめている．Simpson の Letter には式も多く出ている．なお原文は Web から無料でダウンロードできる．Simpson の論文では語中の s が積分記号 $\int$ の字体「長い s」で書かれている．語末の s は今と同じ短い s が使われている．この Letter は安藤洋美 [7] も取り上げている．

［4］岩沢宏和：文献 [1] の第 064 話「母関数の典型的な利用例」p.142.

［5］岩沢宏和：文献 [1] の第 062 話「母関数の理論」p.135, 第 094 話「キュムラント」p.196.

［6］竹内　啓，藤野和建：『2 項分布とポアソン分布』，東京大学出版会 (1981) p.4.

［7］安藤洋美：『最小二乗法の歴史』，現代数学社 (1995) pp.25-28．独学の数学者であり若いころはロンドンで織物工だった Simpson の「論文は確率論が観測値の誤差の議論に適用された最初のものとして意義がある.」として Simpson の論文の式 (一様分布と三角分布) に即して解説されている．安藤は「多数の誤差の平均をとる方が，単一観測値の誤差より有利である」，「彼 (Simpson) の偉大さは，観測値の平均に注意を払うのではなく誤差の平均に注意を向けたという概念的進歩にある.」と Simpson の論文の意義を述べている．

§4　モーメント

モーメント（moment，積率）は，平均と分散を一般化した量である．n 個の数値 X_i の平均 μ は，

$$\mu = P_1 \cdot X_1 + P_2 \cdot X_2 + \cdots + P_n \cdot X_n \tag{4.1}$$

で表される．ここで P_i は X_i の出現確率である．サイコロを例にとれば，

$$X_1 = 1,\ \ X_2 = 2,\ \ X_3 = 3,\ \ X_4 = 4,\ \ X_5 = 5,\ \ X_6 = 6 \tag{4.2}$$

であり，$P_1 = P_2 = P_3 = P_4 = P_5 = P_6 = \dfrac{1}{6}$ である．したがって X の期待値を $E[X]$ で表せば，

$$\begin{aligned}\mu = E[X] &= P_1 \times X_1 + P_2 \times X_2 + P_3 \times X_3 + P_4 \times X_4 + P_5 \times X_5 + P_6 \times X_6 \\ &= \frac{1+2+3+4+5+6}{6} = 3.5\end{aligned} \tag{4.3}$$

となる．これは1次のモーメントである．同様に分散は，2次のモーメントとして，

$$\begin{aligned}\sigma^2 = E[(X-\mu)^2] &= \sum_{i=1}^{n}(x_i - \mu)^2 P_i = \int_{-\infty}^{\infty}(x-\mu)^2 p(x)dx \\ &= \frac{(1-3.5)^2 + (2-3.5)^2 + (3-3.5)^2 + (4-3.5)^2 + (6-3.5)^2}{6} \\ &= 2.92\end{aligned} \tag{4.4}$$

と計算できる．式(4.4)の $p(x)\,dx$ は，連続変数が x から $x + dx$ の間の値をとる確率である．式(4.4)はまた，

$$\sigma^2 = E[X^2] - \{E[X]\}^2 = \overline{x^2} - \overline{x}^2$$
$$= \frac{1^2 + 2^2 + 3^2 + 4^2 + 5^2 + 6^2}{6} - 3.5^2$$
$$= 2.92 \qquad (4.4')$$

とも表すことができる．なぜなら，式(4.4)を展開すると，

$$\sigma^2 = \sum_{i=1}^{n} (x_i - \mu)^2 P_i$$
$$= \sum_{i=1}^{n} x_i^2 P_i - 2\mu \sum_{i=1}^{n} x_i P_i + \mu^2 \sum_{i=1}^{n} P_i$$
$$= \overline{x^2} - 2\mu\overline{x} + \mu^2$$
$$= \overline{x^2} - \mu^2 \qquad (4.5)$$

となって，式(4.4)と式(4.4′)とが等価だからである．上付きの棒$\overline{x}$は「xの平均を計算する操作」を意味し，$\overline{x} = \mu$である．

離散確率変数Xの1次のモーメントを$E[X]$，2次のモーメントを$V[X]$で表すとき，aを定数とすると，

$$V[aX] = a^2 V[X] \qquad (4.6)$$

だから，変数XとYに対して，その差の2次モーメントは，

$$V[X - Y] = V[X + (-Y)] = V[X] + V[(-Y)]$$
$$= V[X] + (-1)^2 V[Y] = V[X] + V[Y] \qquad (4.7)$$

となって，「差の分散」は「分散の和」になる．「差の分散」は「分散の差」にはならないことに注意する．データは，和をとっても差をとっても誤差は増大する．差をとると「誤差がキャンセルしてゼロになる」(誤り)と誤解する人があるので間違えないように注意する．

図 4.1 に示す一様分布の分散は，

$$\sigma^2 = \int_{-a}^{a} (x - \mu)^2 p(x) dx = \int_{-a}^{a} x^2 \frac{1}{2a} dx = \frac{a^2}{3} \qquad (4.8)$$

だから，その標準偏差は，

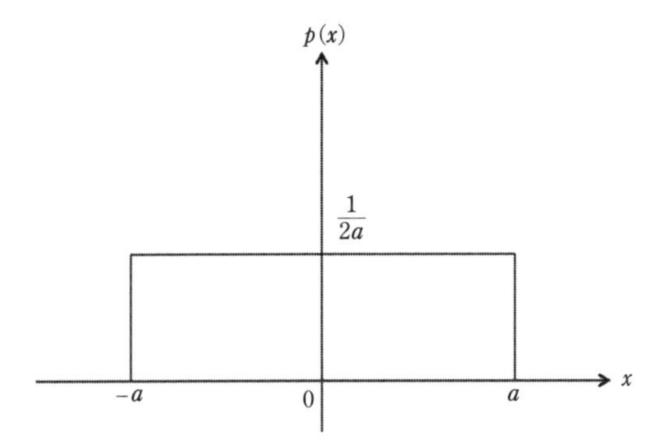

図 4.1　一様分布．全確率＝面積＝1 となるように y 切片＝ $1/2a$ としてある．

$$\sigma = \frac{a}{\sqrt{3}} \tag{4.9}$$

となる．図 4.1 に示す一様分布では，高さ $p(x)$ ではなく，面積 $p(x)\,dx$ が確率を表すことに注意する．

区間 $[0, 1]$ の一様分布，

$$p(x) = \begin{cases} 1\ (0 \le x \le 1) \\ 0\ (x < 0, x > 1) \end{cases} \tag{4.10}$$

の平均は，

$$E[X] = \int_{-\infty}^{\infty} xp(x)dx = \int_0^1 xdx = \frac{1}{2}. \tag{4.11}$$

分散は，

$$\sigma^2 = \overline{x^2} - \overline{x}^2 = \int_0^1 x^2 dx - \left(\frac{1}{2}\right)^2 = \frac{1}{3} - \frac{1}{4} = \frac{1}{12} \tag{4.12}$$

だから，

$$\sigma = \frac{1}{\sqrt{12}} = 0.2887 \tag{4.13}$$

となる．

図 4.2 の三角分布を表す式は，$y = \frac{1}{a^2}x + \frac{1}{a}$ $(-a \le x \le 0)$，$y = -\frac{1}{a^2}x + \frac{1}{a}$ $(0 \le x \le a)$ だから，その分散は，

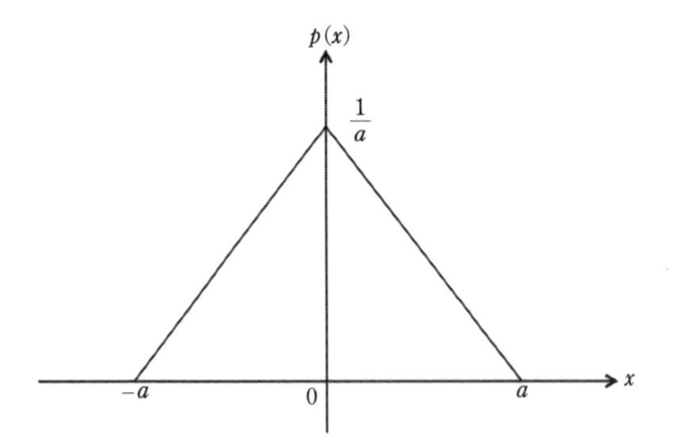

図 4.2　三角分布．全確率＝面積＝1となるように y 切片＝$1/a$ としてある．

$$\sigma^2 = \int_{-a}^{a} (x-\mu)^2 p(x)dx = \int_{-a}^{0} x^2\left(\frac{1}{a^2}x + \frac{1}{a}\right)dx + \int_{0}^{a} x^2\left(-\frac{1}{a^2}x + \frac{1}{a}\right)dx = \frac{a^2}{6}, \tag{4.14}$$

したがって標準偏差は,

$$\sigma = \frac{a}{\sqrt{6}} \tag{4.15}$$

である[1, 2]．

式(4.3)は，剛体の重心を表す式と等価である．これを一般化して，重心のまわりの k 次のモーメント μ_k を,

$$\mu_k = E[(X-\mu)^k] \tag{4.16}$$

と定義する．

1次のモーメントは力学的には重心であり，統計学的には平均である．2次のモーメントは分散，すなわち，分布の広がりを示す．3次のモーメントはゆがみを示し，3次のモーメントを2次のモーメントで規格化したものを歪度(わいど，skewness)と呼ぶ．

$$歪度 = \frac{\mu_3}{\sigma^3} = \frac{\int_{-\infty}^{\infty} x^3 p(x)dx}{\sigma^3} \tag{4.17}$$

4次のモーメントを2次モーメントで規格化したものを偏平度(flatness

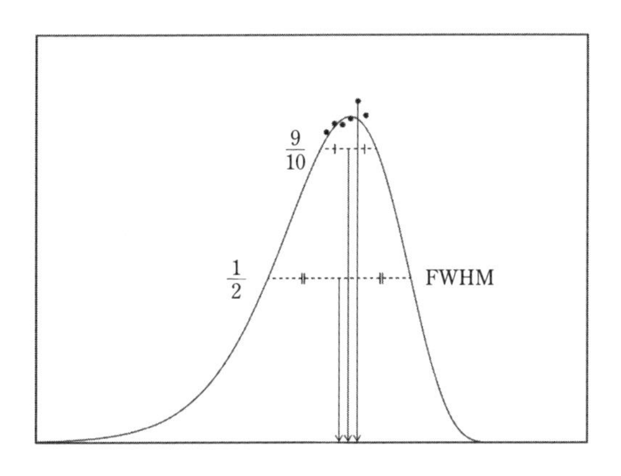

図 4.3　9/10 強度の中点を用いたスペクトル位置の決め方.

factor) と呼ぶ.

$$偏平度 = \frac{\mu_4}{\sigma^4} = \frac{\int_{-\infty}^{\infty} x^4 p(x)dx}{\sigma^4} \tag{4.18}$$

正規分布では式 (4.18) = 3 となるので, 偏平度から 3 を引いたものを尖度 (せんど, kurtosis) と呼ぶ. 尖度は分布のとがりかたを示す指標である[3].

$$尖度 = \frac{\mu_4}{\sigma^4} - 3 \tag{4.19}$$

歪度は左右の非対称性, 尖度は中央部の尖り方や裾の広がりを示す[4].

モーメントの次数が上がるほど $(X-\mu)^k$ の k 乗の効果が効き, 統計変動を有する分布では, 変動の影響を受けやすくなる. したがって, あまり高次のモーメントを議論しても意味はない.

測定したスペクトルの重心は, 裾の長さに影響される. したがって測定領域をどのように決めたかに影響される. ピーク位置は重心に必ずしも一致せず, ピークの左右の裾の広さに影響される. 測定データのピーク位置 (度数分布の最大値を示す位置) はピークの $\frac{9}{10}$ の高さの中点などで決めれば, 測定対象によるピークシフトに敏感でありながら, 裾の長さ, すなわち測定範囲の影響を受けないことが経験的に知られている[5]. 半値幅 (FWHM, full width at half maximum) の中点なども使われる (**図 4.3**). 半値幅の中央をピーク位置だとする方法は，ノイズの影響を受けにくいが，シフト量も小さくなるという欠点がある．ピークトップを用いる場合にはノイズの影響を受けやすくなる．ピークトップを用いるなら，測定した生データではなく，スムージングしたデータのピークトップによってピーク位置を決めるべきである（図 4.3）．

参考文献

［1］上本道久：『分析化学における測定値の正しい取扱い方，測定値を分析値にするために』日刊工業新聞社（2011）p.90 には，$\pm a$ という範囲が与えられていて，極端な値をとらないことがわかっている場合には $\sigma = \frac{a}{\sqrt{6}}$（三角分布の σ）とすること，極端な値があるかもしれない場合には $\sigma = \frac{a}{\sqrt{3}}$（一様分布の σ）とすることが説明されている．

［2］山澤　賢：『現場で役立つ環境分析の基礎』，第 2 版，平井昭司監修，日本分析化学会編，オーム社（2018）第 6 章，pp.173-176.

［3］日野幹雄：『スペクトル解析』，朝倉書店（1977）pp.106-107.

［4］竹内　啓，藤野和建：『2 項分布とポアソン分布』，東京大学出版会（1981）pp.11-12.

［5］J. Kawai, E. Nakamura, Y. Nihei, K. Fujisawa, Y. Gohshi: Sc Kα and Kβ X-ray fluorescence spectra, *Spectrochimica Acta*, Part B, **45**, 463-479（1990）.

§5　モンテカルロ法

§3 ではサイコロの数が 2 個，3 個の場合を母関数によって扱った．サイコロの数が 100 個になったとき，目の和がどういう分布になるかを知るためには，確率母関数を用いてもよいが，コンピュータで一様乱数を実際に発生させて目の和を計算してみればよい．このような方法をモンテカルロ計算[1, 2]と呼ぶ．

0 から 1 の区間で一様乱数を発生させて，中心極限定理が成立しているかどうかを確認してみる．確率母関数はサイコロのような離散分布の場合には使いやすいが，0から1の区間の任意の数値を観測する場合のように物理量が連続に分布する場合には，モンテカルロ計算の方が実際的である．モンテカルロ計算は数値実験だと考えることができる．

目的とする測定精度を得るためには，試料量がどのくらい必要か，濃度はどのくらい濃くなければならないか，信号強度はどのくらい強くなければならないか，繰り返し測定回数は何回か，積算時間はどのくらい長くなければならないか，などの実験パラメータをあらかじめ決めるために使うこともできる．

一様乱数を発生させるにはExcelの機能を使うとよい．一様乱数を発生させる関数名を調べるには「Excel 乱数」などのキーワードをWeb検索する．**図 5.1**〜**図 5.4**は次の(i)〜(iii)の手順でプロットした．

(i) 0から1の一様乱数を100万個発生させる(図5.1)．

(ii) 連続する2個(図5.2)，5個(図5.3)，10個(図1.1)，20個(図5.4)の和を計算する．

(iii) 度数分布をプロットする．

100万個の乱数を，(1番目＋2番目)，(3番目＋4番目)，…と2個ずつ足して，その度数をプロットした図5.2は，§3のサイコロ2個の目の和(図3.1)の三

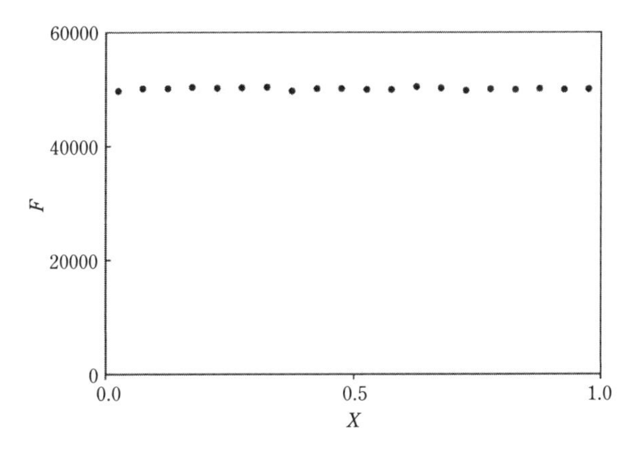

図 5.1　Excelで発生させた100万個の一様乱数の度数分布．横軸の刻みは0.05.

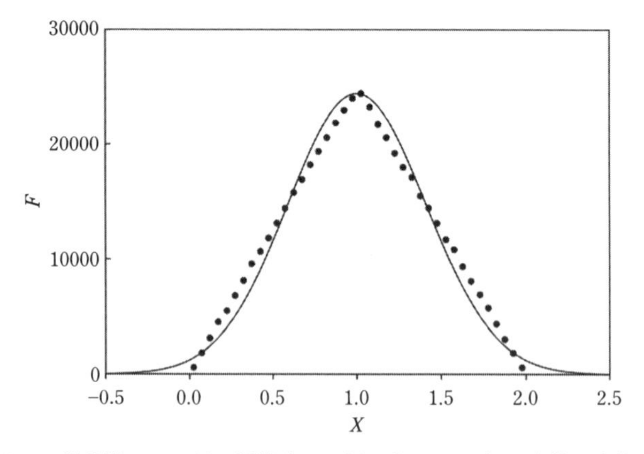

図 5.2　一様乱数 100 万個の隣接する 2 個の和，50 万個の乱数の度数分布.

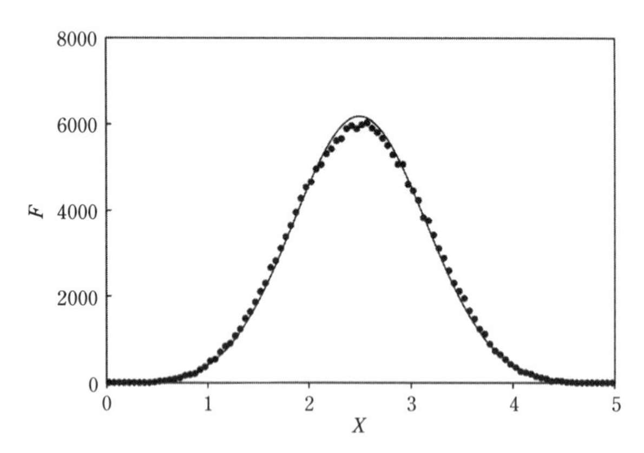

図 5.3　一様乱数 100 万個の隣接する 5 個の和，20 万個の乱数の度数分布.

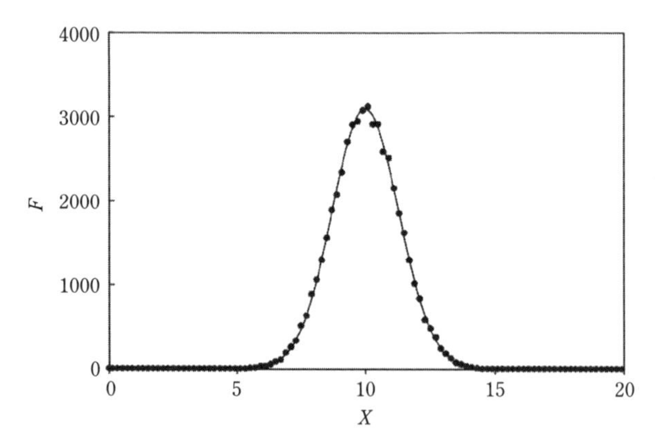

図 5.4　一様乱数 100 万個の隣接する 20 個の和，5 万個の乱数の度数分布.

角分布に類似した分布となる．三角分布（図 4.2）の標準偏差は §4 の式（4.15）により，$\sigma = \frac{a}{\sqrt{6}} = 0.408$ であるから，図 5.2 には $\sigma = 0.408$ の正規分布もプロットしてある．図 5.2 をみると 2 個の和は三角分布であるとはいえ，$\sigma = 0.408$ の正規分布にすでに近いことがわかる．

一様乱数の標準偏差は §4 の式（4.10）により，

$$\sigma = \frac{1}{\sqrt{12}} = 0.2887 \tag{4.13}$$

であるが，これが**表 5.1** に $\sigma = 0.2887$ と示してある理由である．一様乱数は正規分布とは程遠い．ところが一様乱数 2 個の和の度数分布は図 5.2 のとおり正規分布にかなり近づく．図 5.3 からわかる通り，5 個の和でもすでに正規分布の近似として十分なものとなる．中心極限定理のいう通りである．

このようにして，1 個，2 個，5 個，10 個，20 個の一様乱数の和の度数分布から平均と標準偏差を計算した結果と，理論的な平均，標準偏差とを表 5.1 に示した．表 5.1 にはやや多すぎる桁数を表示してあるが，乱数から計算した平均値と標準偏差とが，理論値とどの程度一致しているかを示すためである．一致する桁数は，乱数の数（100 万個）に応じて変化する．

図 5.1 ～図 5.4 では乱数の発生数を十分に多い 100 万個とした．乱数の個数が 1000 個の場合には，隣接する 2 個ずつの 500 個の乱数の度数分布をプロットしても図 5.2 のようにきれいな三角分布とはならない．サンプリング数や度数分布の刻み幅の関係については §6 で調べる．

ある分布（正規分布でなくともよい）の平均を μ，分散を σ^2 とすれば，図 5.1 ～図 5.4，表 5.1 を比較すると，和が 1，2，5，10，20 と増加するにつれて，n

表 5.1　図 5.1 ～図 5.4 の平均と標準偏差（10 個の和は図 1.1）．

	乱数から		正規分布	
和の個数	平　均	標準偏差	平　均	標準偏差
1	0.49979420	0.28856131	0.5	0.28867513
2	0.99958840	0.40821970	1.0	0.40824829
5	2.49897101	0.64621816	2.5	0.64549722
10	4.99794203	0.91409088	5.0	0.91287093
20	9.99588407	1.29490571	10.0	1.29099445

個の和の分布は，平均 $n\mu$，分散 $n\sigma^2$ の真の正規分布 $N(n\mu, n\sigma^2)$ に近づいてゆくことがわかる．したがって「観測値の平均$\frac{X_1+\cdots X_n}{n}$」は正規分布

$$N\left(\mu, \frac{\sigma^2}{n}\right) = \frac{1}{\sqrt{2\pi}\frac{\sigma}{\sqrt{n}}} \exp\left\{-\frac{(x-\mu)^2}{2\frac{\sigma^2}{n}}\right\} \tag{5.1}$$

で近似できる．ここで「 」で囲ったのは「観測値の平均」であって「観測値」そのものではないことに注意する．物理計測する物理量の「観測値」は真値の周りに正規分布する場合が多いので，「観測値の平均」と「観測値」とを混同しがちである．

中心極限定理を使えば，一様乱数から正規乱数を作ることもできる．

参考文献

[1] 伏見正則，逆瀬川浩孝 監訳：『モンテカルロ法ハンドブック』，朝倉書店 (2014)；D. P. Kroese, T. Taimre, Z. I. Botev: “Handbook of Monte Carlo Methods”, Wiley (2011).

[2] 高橋浩一郎：『デタラメを科学する，カオスの世界』，丸善 (1989) 第 7 章．モンテカルロ法は「第 2 次大戦中，原子力開発と関連した問題から考え出された方法である．戦時中なので，秘密にするため賭事で有名なモナコ王国の首都，モンテカルロにちなんでつけたものである．アメリカのフォン・ノイマンは，この方法を『決定論的な数学的問題の処理に乱数を用いること』」とした．「この方法の優れた点は，通常の方法では複雑で簡単に解けない問題を，複雑なということをデタラメに置き換え，統計的処理を加味して解いてゆく点である．その方法の性質上，高い精度の結果を得ることは望めないが，問題を直感的にモデル化することができ，大体の状況をつかむというところに利点がある．そして近年《1989 年》は，コンピュータの発達により，多量のデータを処理することができ，ある程度の精度をうることも可能になってきている.」と書かれているが，精度が悪いというのはモンテカルロ法に必ずしもあてはまらない．§8 のモンテカルロ積分では精度は悪い例，§9 のサンプリング数と測定精度では，高精度な例を説明した．§10 文献[7]も参照．

§6　サンプル

計測しようとする対象，現象，化学物質の中でも，特に化学分析の分析対象物をアナライト（analyte）と呼ぶ．アナライトは，固体，液体，気体，粉体，浮遊粒子状物質，あるいは粉体と固体の混合物などである．分析対象からサンプリングしたものを**サンプル**（sample）や**試料**という．サンプルは，たとえば，岩石の破片，穀物，金属の削りくず，ヒシャクで汲みとった熔けた鉄，川の水，沈殿，ろ紙でこした残渣，予備濃縮した濃い液体などを挙げることができる．サンプリングしたサンプルをそのまま測定する場合もあれば，そのままでは正しい測定値が得られないことがわかっている場合には，測定装置に入れることができるような形状に加工したり，複数のサンプルを同一形状に加工したり，表面研磨を行ったり，均一化したり，粒度をそろえたり，粉末を油圧プレスして固めたり，乾燥したり，酸溶解などする．その計測分野に応じて，**試験片**，**検体**，**サンプル**（specimen）などとよぶ（**表 6.1**）．

乾燥操作は重要な前処理である．石炭の輸入では，乾燥重量で購入価格を契約するが，かつて日本のある会社では水分を含んだままの石炭を輸入量として代金を支払っていたため，一船（いっせん）当たりマンション１戸分の価格を水に対して支払っていた例がある．

日本語の「サンプル」または「試料」は sample と specimen の２つの意味で使われる．場合により analyte も試料（サンプル）と呼ぶことがある．アナライトからサンプリングした試料あたり３検体を作成して各１回，計３回測定する

表 6.1　「測定試料」のさまざまな意味

日本語	英語
試料，分析対象物，アナライト	analyte
試料，標本	sample
試料，試験片，検体	specimen

こともある．これは均一性をチェックして測定誤差を小さくすることが目的である．

試料を装置に入れて濃度などを測定する場合には，通常 3 回の繰り返し測定が行われる．3 回測定すれば，同一検体を測定した場合の平均値と標準偏差とが計算できるからである．3 回測定する場合であっても，(i) 同一検体を 3 回測定する場合と，(ii) 同一 sample から作った異なる 3 検体を各 1 回測定する場合とがある．(i) と (ii) の 3 回の測定から得られる標準偏差は異なる．試料 (sample) が不均一な場合には，(ii) の方が (i) よりも大きな標準偏差を示す．

採取場所が異なるサンプルを測定する場合や，同一サンプルから異なる検体を作成して測定する場合は，同一の検体を繰り返し測定する場合の 2 倍から 10 倍の標準偏差を示すと考えた方が良い．したがって，分析した濃度の標準偏差が大きい場合には，もともと不均一な analyte であったためなのか，実験操作が下手だったからなのか，などを検討してみる．通常は，

$$\text{サンプリング} > \text{試料調製} > \text{測定} \tag{6.1}$$

の順に標準偏差は小さくなる．ここで**試料調製** (sample preparation) は分析化学用語であって，簡単な場合には**試料準備**と言うほうがわかりやすい．複雑な操作がある場合は**試料前処理**とも言う．

「測定」と言っても，同じ人が繰り返し測定する場合，同じ人が別の日に測定する場合，同じ人が異なる装置を使って測定する場合，測定する人が複数いる場合，同一試験片を複数の分析試験所で測定する場合など，それぞれ標準偏差 (バラツキ) が異なるので注意する．異なる装置や，複数のメスフラスコを用いる場合には，キャリブレーション (校正) をしておく必要もある．

sample から specimen を作るに際して無視できないバラツキが生じる可能性がある場合には，specimen を作成する操作のバラツキを調べるために 3 検体を各 3 回，合計 9 回測定してみる．その結果，1 個の specimen を繰り返し測定したときのバラツキと，複数の specimen 間のバラツキが同程度で (標準偏差が同じ)，1 つの検体を 3 回測定した平均値の検体間の差異も同じ標準偏差なら，sample から作った 1 つの specimen (検体) を 3 回繰り返し測定するだけでよいことがわかる．工業製品を同一の装置で日常的に計測する場合には，標準

偏差はわかっているから，3 回ずつ測定する必要はなく，測定回数は 1 回だけとする場合が多い．

検体ごとの測定値の差異が大きくなりすぎるようなら，試料の形状，組成，密度，厚さ，粒度，表面粗さなどが制御できていない場合も考えられる．その原因を明らかにする必要があれば原因を解明した上で，容認できる原因か，避けられないものか，あるいは改善できるものかを判断する．避けられないバラツキが原因であれば，検体数を多くして計測する．

たとえば一船で輸入した石炭や鉄鉱石や小麦などからサンプルを採取する場合を考える．サンプリングは**無作為**に採取場所を**乱数**によって決めるなどして行う．また，あらかじめ**モンテカルロ計算**をしておいて，何ヶ所から採取したら全体の代表値を表すかを調べておく．最初の採取場所を乱数で決めた後は一定間隔でサンプリングしても良い．塊(かたまり)と粉(こな)が混ざったものからサンプリングする場合には，粉だけあるいは塊だけを採取しないように注意する．

一船で輸入した穀物の全重量を計測する場合，全数検査すること（すべての穀物袋の重さを秤量して総和を求めること）は，検査に経費がかかるため現実的ではないばかりか，袋の置き忘れや，同じ袋を 2 回以上計量するなどの過誤が必ず一定の割合で生じるため，サンプリング検査の方がむしろ正確な数値が得られる場合も多い[2]．

白玉と黒玉が合計 10 万個あるとき，そこから 300 個をサンプリングするという操作を 1000 回行った場合（300 個の玉は毎回戻すとする），**サンプル数**は 1000，**サンプルサイズ**は 300 であるという[3]．本書では「サンプル数」を「サンプルサイズ」という意味でも用いることにする．

参考文献

[1] 河合　潤：『蛍光X線分析』，共立出版 (2012) pp.28-30.
[2] 石川　馨：『工場におけるサンプリング』，丸善 (1952).
[3] 廣瀬雅代，稲垣佑典，深谷肇一：『サンプリングって何だろう，統計を使って全体を知る方法』，岩波書店 (2018).

§7　分解能

図7.1は1000個の一様乱数を発生させて，隣接する2個の和を500個計算し，その度数分布を0.01刻みでプロットした図である．図5.2のような三角分布が得られるはずであるところ，図7.1を見ても三角分布には見えない．横軸を0.01刻みでプロットしたため，度数Fの最大値は10であって，統計的に十分な信号強度が得られず，物理法則が発見できない実験になったことを意味している．

ところがその同じ実験データ500個のプロットの仕方を変えると，**図7.2**に示したように印象がまったく異なったものとなる．横軸を0.2刻みにして分解能を20倍悪くすると，三角分布に見え始める．感の鋭い実験者なら，図7.2から三角分布に気付くことも不可能ではない．図7.1のように高い分解能でデータを測定したとしても，プロットのときに分解能を落としてプロットしてみることが，発見を見逃さないコツである．高分解能化が必ずしも良いとは限

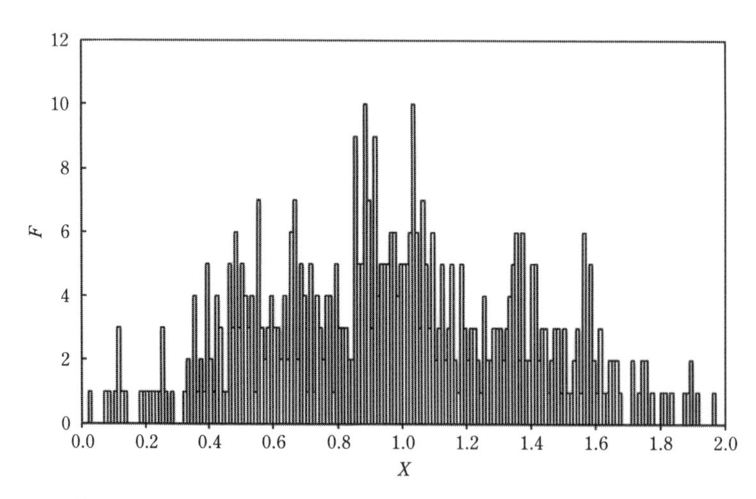

図7.1　一様乱数1000個の隣接する2個の和，500個の乱数Xの度数分布Fを0.01刻みでプロットした図．

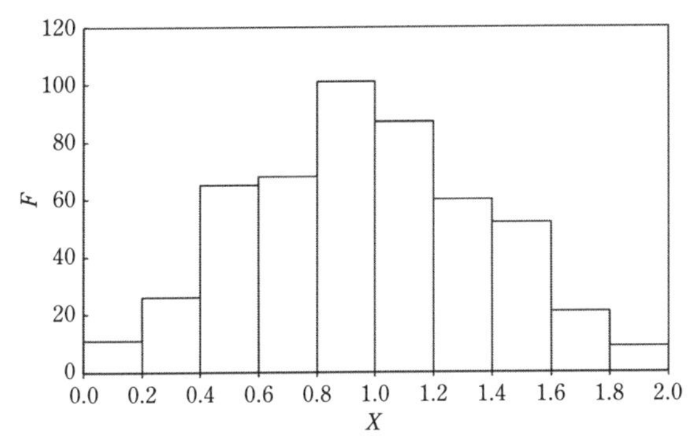

図 7.2　図 7.1 の度数分布を 0.2 刻みでプロットした図.

らず，粗視化や低分解能化も時には必要となる.

三角分布とみなせるようになるためには, 500 個のプロットでは測定回数（乱数の個数）がまだ足りていないこともわかる．測定を何回繰り返せば三角分布であることに気付くか，という実験条件を決めるためにも，モンテカルロ計算が役に立つ.

何らかの理論を実験によって証明しようとする場合には，その目的に応じて実験回数（乱数の個数）を適切に選択する必要がある．実験回数が少なすぎたり，信号強度が弱すぎたりすると，重要な発見を見逃すおそれがある．乱数を用いたシミュレーションは，実験と似た性質がある．装置設計の目的のためや，実験を行う前の仮想実験として，乱数を用いたシミュレーションを行えば，目的とする測定精度（分光器の分解能）を達成するために必要な繰り返し測定回数，試料量，光源強度，信号強度などの実験条件や装置設計の指針を得ることができる.

図 7.1 と図 7.2 の関係から，強度と分解能はトレードオフの関係にあることがわかる.

§8　モンテカルロ積分

一様乱数の発生方法は，たとえば，乱数の個数が2000程度で良い場合には，$\sqrt{2} \times n = 1.41421356\cdots \times n$ の小数部分を切り出し，0から1の範囲の一様乱数とすることができる．$\sqrt{3}$や$\sqrt{5}$などを使えば，異なる系列（シードポイント）の乱数を発生させることができる．ここで $n = 1, 2, 3, \cdots$は自然数とする．ただしこれらの乱数は数1000個程度までなら一様乱数とみなせるが，nが1万個を超えるようになると循環的な性質が目に付くようになる．

乱数は，度数分布だけではなく，循環的な性質がないことを調べておくことも重要である．良い乱数は長周期である必要があり，N個の乱数を使うための周期は少なくとも$10N^2$でなければならないと言われている[1]．0や1が出ないことも良い乱数の条件だと言われる．ゼロで割ることがないとは言えないからである．ゼロで割るのを避けるためには，+1して横にずらして回避することもできる．

ところで，1辺の長さ1の正方形に接する4分の1の円を描き（**図8.1**），x, yともに区間$[0, 1]$の独立な2次元の一様乱数を発生させて点(x, y)が円内に入る個数の割合から円周率を求めた結果を**表8.1**と**表8.2**に示す．発生させた乱数の全個数のうちの$\pi/4$（≒ 78.5%）が円内に入るはずであることから，πを求めることができる．表8.1は$\sqrt{2} \times n$などの小数部分を使った乱数の場合，表8.2はExcelの乱数の場合である．

Excelの乱数は異なるシード点の乱数をxとyにすることができるが，表8.2では，あえて同じシードの乱数をxとyに使った例である．すなわち，200万個の一様乱数を発生させて，1個目と1000001個目の乱数を(x, y)とした．

表8.1を見ると，モンテカルロ計算では，20個の乱数で$\pi = 3.2$となって十分に速く収束するが，乱数の個数を増やしても精度はあまり向上しないことがわかる．だから通常は2000個程度の乱数で十分なのである．一方，xとy

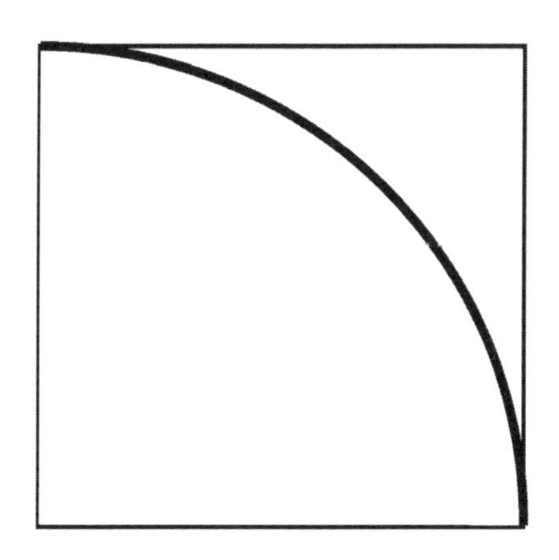

図 8.1　一辺 1 の正方形の面積と半径 1 の 1/4 円の面積の比は，$1:\pi/4$ となることから，1/4 円に入る 2 次元乱数の比を求めれば π が求まる．

表 8.1　$\sqrt{2}\times n$ と $\sqrt{3}\times n$ の小数部分から π を求めた結果．

点数	近似値
5	3.2
10	3.6
20	3.2
50	3.28
100	3.24
1000	3.112
2000	3.134

表 8.2　Excel の同一系列乱数から 2 次元乱数を発生させた場合．

乱数の個数	π の計算結果
5	4
10	3.2
20	2.6
50	2.88
100	3.12
1000	2.988
10000	3.136
100000	3.1424
1000000	3.142012

とが完全に独立とは言えない2次元乱数を使った表8.2の場合には，大きな振動が生じていることがわかる．20点では$\pi = 2.6$となって収束の途上である．100万をラグ（lag）とする自己相関があることを疑わせる結果である．

乱数を発生する際に，異なるシード値を用いれば，再実験，再々実験，…を行ったとみなすことができる．一方で，境界条件などを変えた効果を調べたい場合には，いつも同じ乱数を用いるべきであり，同一のシード値を指定する．

モンテカルロ積分では，乱数の個数が少なくても，急速に真値に近づくという特長を生かした利用方法がよい．ある精度まで達してしまうと，乱数の個数を増やしても精度はなかなか上がらない．むしろメッシュに切って積分したほうが，計算効率は良い．

モンテカルロ積分では乱数が20個程度を超えると精度が改善しなくなる一方で，§9で説明する乱数の個数（サンプリング数）を増大させれば中心極限定理によっていくらでも精度を向上させることができる．同じモンテカルロ計算であるが，これらの2つを混同しないように注意する．

参考文献

［1］伏見正則，逆瀬川浩孝 監訳：『モンテカルロ法ハンドブック』，朝倉書店（2014）p.3；D. P. Kroese, T. Taimre, Z. I. Botev: “Handbook of Monte Carlo Methods”, Wiley（2011）．

§9　サンプリング数と測定精度

§6において，サンプリング数が精度，すなわちバラツキに影響を与えることを述べた．分析する対象をすべて試料として用いることができればよいが，通常は困難である．サンプリング数を多くすれば，バラツキが小さくなることは中心極限定理から明らかではあるが，どの程度のサンプル採取量に対してどの程度のバラツキが生じるのかを理解することは，最低限必要なサンプリング試料量を検討する上で重要である．ここでは，ある濃度の不純物原子が試料中に含まれていると仮定し，試料から 10^n 個（$n=$ 0～10）の原子をサンプリングした場合に，何個の不純物原子に遭遇するかをモンテカルロシミュレーションにより計算することで，サンプリング数と測定精度の関係について示す．

図 9.1 は試料中に 100 ppm の不純物原子が含まれていると仮定し，系列の異なる一様乱数を 10 系列，10^{10} 個まで発生させ，サンプリング原子数を 1 個から始めて 10 倍するごとに何個の不純物原子に遭遇するかをカウントしたものである．100 ppm は 10^6 個の中に 100 個の不純物原子が存在するという意味である．10^7 のサンプリングでは 100 ± 3.1 ppm，10^8 では 100 ± 0.7 ppm，10^9 では 100 ± 0.4 ppm，10^{10} では 100 ± 0.07 ppm となる（平均 ± 標本標準偏差）．10^3 個以下のサンプリングでは不純物原子に遭遇する確率はゼロとなる．濃度が 100 ppm の場合には最低でも 10^8 個はサンプリングしなければ正しい濃度が得られないことがわかる．

図 9.2 は不純物濃度が 100 ppm と 99 ppm の試料に対して同様のモンテカルロシミュレーションを行った結果である．濃度の差が 100 − 99 = 1 ppm である試料を区別するためには 10^9 個以上のサンプリングを行う必要があることがわかる．不純物濃度がより希薄な場合は，サンプリング原子数をより多く採る必要がある．

原子分解能を有する走査プローブ顕微鏡なら，原子 1 個の濃度でも，定量分

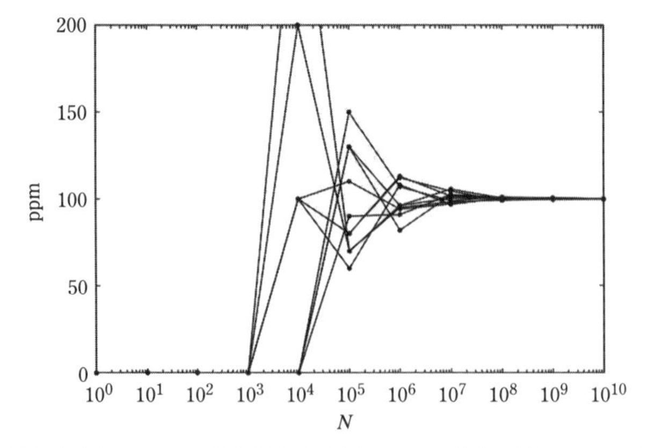

図 9.1　不純物原子を 100 ppm 含む試料に対するサンプリングのモンテカルロシミュレーション．N はサンプリング原子数.

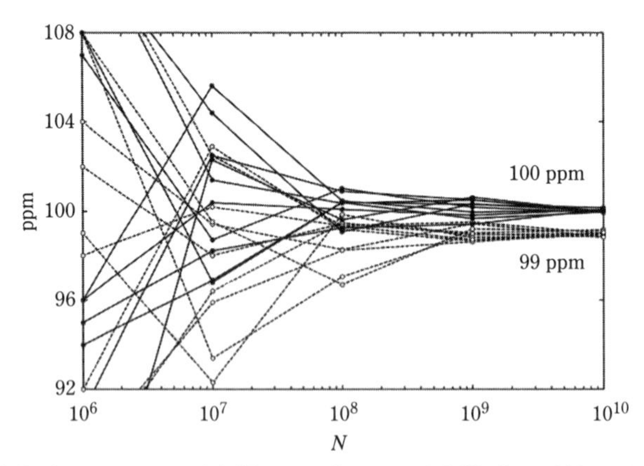

図 9.2　不純物原子を 100 ppm（実線）および 99 ppm（破線）含む試料に対するサンプリングのモンテカルロシミュレーション.

析が可能になると誤解する人がいるが，走査プローブ顕微鏡で 10^7 個の原子を測定するために要する時間は非現実的であり，走査プローブ顕微鏡では定量分析は不可能である.

1 原子が分析できれば，究極の空間分解能を達成したと言うことができるが，NaCl 結晶を 1 原子分解能で分析すれば，その結果は Na が 100％と Cl が 100％を振動するだけである．したがって定量値を得たい場合や，100 ppm 程度の決して微量とは言えない濃度であっても，空間分解能を高くしすぎると，定量精度が犠牲となる．

蛍光X線分析の場合，1次X線の照射面積を1 μm径にすると精度が低下する．蛍光X線分析の試料サイズが数cm径であるのはこうした理由がある．誘導結合プラズマ原子発光（ICP-AES）分析のように粉末状試料（たとえば250 mg）を酸溶解して分析する場合には，試料量が定量限界からみて十分であったとしても，バラツキを低減させるために，定量限界を最低限満たす試料量とはせず，十分に多い試料量を測定する．

§10　分母が $n-1$ になる理由

最初に初等的な教科書の説明をし，次いで自由度 $n-1$ の Student の t 分布との関係を説明する．

100個のデータからなる母集団があるとする．この母集団の平均を μ，標準偏差を σ とする．母集団は正規分布を仮定するが，この仮定は以下の証明では顕わには使わない．この母集団から5個のデータをサンプリングしたとき，その5個の1次のモーメントは，

$$\bar{x} = \frac{x_1 + x_2 + \cdots + x_5}{5}, \tag{10.1}$$

2次のモーメントは，

$$s^2 = \frac{(x_1 - \bar{x})^2 + (x_2 - \bar{x})^2 + \cdots + (x_5 - \bar{x})^2}{5} \tag{10.2}$$

と書き下すことができる．ここで式(10.2)の s^2 の分母が $n=5$ であって，$n-1$ ではないことに注意する．ところで母平均 μ を書き下すと，

$$\mu = \frac{x_1 + x_2 + \cdots + x_{100}}{100}$$

$$= \frac{\frac{x_1 + x_2 + \cdots + x_5}{5} + \frac{x_6 + x_7 + \cdots + x_{10}}{5} + \cdots + \frac{x_{96} + x_{97} + \cdots + x_{100}}{5}}{20}$$

$$= E[\overline{x}] \tag{10.3}$$

となるから，母平均 μ は，「標本平均の期待値」$E[\overline{x}]$ に等しい．

式 (10.2) の分子の 5 つの項に $\mu - \mu = 0$ を加えると，

$$s^2 = \frac{(x_1 - \mu - \overline{x} + \mu)^2 + (x_2 - \mu - \overline{x} + \mu)^2 + \cdots + (x_5 - \mu - \overline{x} + \mu)^2}{5}$$

$$= \frac{1}{5}\Big[\Big\{(x_1 - \mu)^2 - 2(x_1 - \mu)(\overline{x} - \mu) + (\overline{x} - \mu)^2\Big\} + \cdots$$

$$+ \Big\{(x_5 - \mu)^2 - 2(x_5 - \mu)(\overline{x} - \mu) + (\overline{x} - \mu)^2\Big\}\Big]$$

$$= \frac{1}{n}\sum_{i=1}^{n}(x_1 - \mu)^2 - \frac{2}{n}(\overline{x} - \mu)\sum_{i=1}^{n}(x_i - \mu) + \frac{1}{n}(\overline{x} - \mu)^2\sum_{i=1}^{n}1$$

$$= \frac{1}{n}\sum_{i=1}^{n}(x_i - \mu)^2 - 2(\overline{x} - \mu)\frac{1}{n}\sum_{i=1}^{n}(x_i - \mu) + (\overline{x} - \mu)^2 \tag{10.4}$$

第 2 項の中の $\frac{1}{n}\sum_{i=1}^{n}(x_i - \mu) = \frac{x_1 + x_2 + \cdots + x_5}{5} - \frac{1}{5}\times 5\mu = \overline{x} - \mu$ だから，

第 2 項 $= -2\left(\overline{x} - \mu\right)^2$ となる．したがって，

$$s^2 = \frac{1}{n}\sum_{i=1}^{n}(x_i - \mu)^2 - (\overline{x} - \mu)^2. \tag{10.5}$$

$(\overline{x} - \mu)^2$ の μ は母集団の平均値なので確定値である．式 (10.5) の s^2 の期待値は，

$$E[s^2] = E\left[\frac{1}{n}\sum_{i=1}^{n}(x_i - \mu)^2 - (\overline{x} - \mu)^2\right]$$

$$= \frac{1}{n}\sum_{i=1}^{n}E[(x_i - \mu)^2] - E[(\overline{x} - \mu)^2]$$

$$E[s^2] = \frac{\frac{(x_1-\mu)^2 + (x_2-\mu)^2 + \cdots + (x_5-\mu)^2}{5} + \cdots + \frac{(x_{96}-\mu)^2 + (x_{97}-\mu)^2 + \cdots + (x_{100}-\mu)^2}{5}}{20}$$

$$- E[(\overline{x} - \mu)^2]$$

$$= \frac{(x_1-\mu)^2+(x_2-\mu)^2+\cdots+(x_{100}-\mu)^2}{100} - \frac{\sigma^2}{5} \quad (E[(\bar{x}-\mu)^2] = \frac{\sigma^2}{n} \text{だから}) \tag{10.6}$$

$$= \sigma^2 - \frac{\sigma^2}{5}$$

$$= \frac{n-1}{n}\sigma^2 \tag{10.7}$$

したがって，$n=5$ のときには，分母が $n-1=4$ となり，

$$\sigma^2 = \frac{(x_1-\bar{x})^2+(x_2-\bar{x})^2+\cdots+(x_5-\bar{x})^2}{4} \tag{10.8}$$

が得られた．これは初等的な統計学の教科書[1, 2]で良く使われる説明である．

式(10.8)において，5個の測定値があるとき，偏差の2乗和を4で割った値が母分散に等しいと近似してよいことがわかった．

σ と $\sigma/\sqrt{n}$ とが現れるが，$\sigma/\sqrt{n}$ は**平均値の標準偏差**(SDOM，standard deviation of the mean)[3]，**平均値の平均誤差**(estimated error in the mean または uncertainty)[4]，**標準誤差**(standard error)，an estimator of the standard error[5]と呼ばれる．SDOMと標準偏差や標本偏差とを混同しないように注意する．母分散 σ^2 や標本分散 s^2 は，残差2乗和 χ^2 を n で割ったもの(2次のモーメント)であるから，$(\mathrm{SDOM})^2$ は残差2乗和を n で2回割ったものとなる．論文や試験報告書の σ が小さすぎたり，精度が良すぎたりする場合には，SDOMと σ_{n-1} とを混同している場合がある．初心者は σ の代わりにSDOMを誤用することがあるので注意する．

標準偏差 σ の正規分布を持つ母集団から，無作為に n 個の標本を取り出すとき，標本の分布は，自由度が $n-1$ のt分布(Studentのt分布)となる[6]．ここで自由度 $n-1$ とは χ^2 分布(§15)の自由度と同じ意味である．式(10.2)の，標本数 n で割って求めた分散 s^2 は，母集団の標準偏差 σ^2 より精度が少し良すぎる標準偏差を与えることにStudentは気づいた．母分散は，標本分散 s^2 に $\frac{n}{n-1}$ をかけて補正しなければならない．すなわち，

$$\sigma = \sqrt{\frac{n}{n-1}}s \tag{10.9}$$

となる． Studentのt分布と χ^2 分布の関係，および標本数が少ないときに，

自由度が $n-1$ の t 分布となる理由については文献 [7] 参照.

参考文献

[1] 林　周二：『統計学講義』第 2 版, 丸善 (1973) p.175.

[2] 馬場敬之：『スバラシク実力がつくと評判の統計学キャンパス・ゼミ，大学の数学がこんなに分かる！単位なんて楽に取れる！』改訂 4 版, マセマ出版 (2010, 2017).

[3] John R. Taylor：『計測における誤差解析入門』林茂雄，馬場涼訳，東京化学同人 (2000) pp.109-111；"An Introduction to Error Analysis, The Study of Uncertainties in Physical Measurements", 2nd Ed. University Science Books (1982).

[4] P. R. Bevington, D. K. Robinson: "Data Reduction and Error Analysis for the Physical Sciences", 2nd ed. McGraw-Hill (1992) .

[5] George W. Snedecor: "Statistical Methods applied to Experiments in Agriculture and Biology", Iowa State College Press (1937, 1959) p.73.

[6] 梶谷　剛：『応用物理計測学』, アグネ技術センター (2017) pp.28-30.

[7] 東京大学教養学部統計学教室編：『統計学入門』，東京大学出版会 (1991) 10 章.『統計学入門』p.203 によれば，William Gosset (1876～1937) はギネスビール社の社員だったため，Student という筆名で論文を発表した.「ゴセットは，常に平均 $\bar{x}$ と分散 s^2 を計算しながら，ビールの品質を監視していたが，標本が小さいとき (n が小さいとき)，s^2 や s の値がおかしくなることに気がつき，品質の平均 $\bar{x}$ の信頼性に $\frac{s}{\sqrt{n}}$ を用いてよいかどうか疑念を持ちはじめた」ことをきっかけとして 1908 年の t 分布の発見に至った. ゴセットは「統計理論において，乱数実験 (モンテ・カルロ法) を行った初めての一人としても記憶される.」

§11　1回だけの測定の重要性

上本道久[1]は，排水を1回分析したところカドミウム濃度が0.08 mg L^{-1}だったとき，これは水質汚濁防止法の排水基準値0.1 mg L^{-1}以下と言えるか，という例題を挙げている．上本の本では，この0.08 mg L^{-1}という情報だけではバラツキを評価できないので，繰り返し測定することによって分散を求めるべきであること，信頼性のある数値を提示するためには測定を繰り返し行って分散を求めることが重要であることが説明されている．

この例で説明されるように，分析化学では分析操作を複数回繰り返して，濃度とその標準偏差とをセットで表示しなければならないとされている．計測における不確かさの表現ガイド（GUM，Guide to the expression of uncertainty in measurement）というISO規格では，「誤差」としての標準偏差を「不確かさ」と呼んで，濃度平均値と併記することが要求されている[2]．すなわち$m \pm \sigma_{n-1}$，ここでmはn回測定した平均値，σはそのn回測定の標準偏差である．

ISO等の国際規格はその時々の国際関係によって変更されたり，たまたま委員となった研究者の自説が国際標準となってしまうことがあるため，本書では国際規格から一定の距離を置いた上で，物理計測について，1回だけの測定の重要性を説明する．

上の例で挙げた，工場排水を1回分析したところカドミウム濃度が0.08 mg L^{-1}となった例では，排水の濃度は定期的に測定しているはずだから，過去の測定結果から，その標準偏差がわかっているはずであるし，時にはサンプリングや測定を複数回繰り返してサンプリングの標準偏差や計測の標準偏差を算出しているはずである．その同じ分析装置を用いて今回も0.08 mg L^{-1}という濃度を得たはずであるから，標準偏差は既知であると考えてよい．

一方で，1回だけの測定を，たまたま新しく導入した新原理の装置で測定したと考えるべきときもある．たとえば世界に1台の大型加速器が完成してその最初の測定値が0.08となった場合である．その装置が世界に1台しかないまったく新しい原理の装置であったなら，信頼性のある数値を提示するためには，濃度既知の試料を繰り返し測定して，正確さと分散とを得ることが必要となる．ルーチン的な分析なら複数回の測定を繰り返す必要がない場合が多い一方で，まったく前例がない装置で重要な計測を行う場合もある．これらを混同すべきではない．

計測を繰り返していると，outlier（**異常値**，**外れ値**）が現れる場合がある．上本[1]は「一連の繰り返し分析を行うと，結果の一つが他のものと比べて離れているのではないかと感じることはよく経験する．この場合，その結果を除外して平均や分散を出すべきか迷うことがある．熟練した分析技術者は経験と常識により疑わしい結果を見つけ出すかもしれない．しかしもう少し合理的に，ばらつきの考え方を用いて，いわゆる異常値を見つけ出すことができる．」と述べてディクソンのQ（Dixon's Q）

$$Q = |\text{疑わしい値} - \text{最近接値}| \div (\text{最大値} - \text{最小値}) \qquad (11.1)$$

が，測定回数と信頼水準（90，95，99％等）ごとに決められた棄却係数Qによって異常値を判定する**Q検定**（Q-test）の方法を上本は説明している．

異常値が現れる例を**図11.1**に示した．濃度が既知（方法1で分析した濃度値）の試料を複数個分析して，既知濃度を横軸に，方法2（この場合は蛍光X線強度）を縦軸にプロットすると，検量線が得られる．測定点がすべて直線状に連なるとは限らず，直線から大きく外れた3個のoutlierが図11.1には現れている．このような場合に上述したQ検定を用いて異常値として除外することが多く，図11.1でも，（どういう理由で除外したかは明らかではないが）外れ値を除外した検量線が引かれている．しかし§38に述べる理由によって検定は安易に用いるべきではない．外れ値を安易に棄却（削除）すべきではない．外れ値を示した試料やその測定条件を詳しく調べることによって，理由が明確であれば，その理由を併記した上で，平均や標準偏差の算出から外れ値を除くとしても，その測定値自体は削除すべきではない．図11.1の直線はそのような意味を持っている．

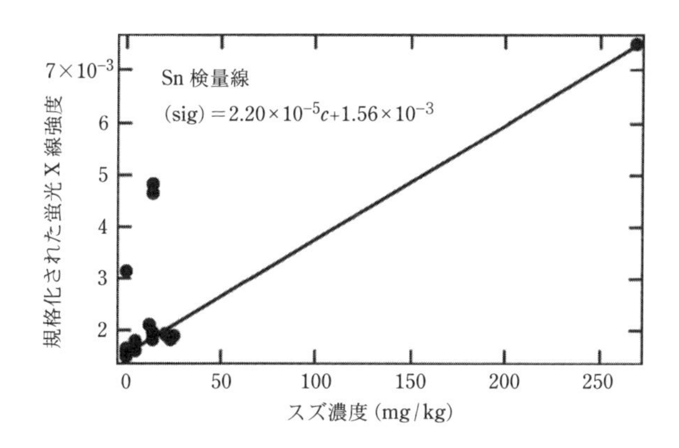

図 11.1 和歌山カレーヒ素事件谷口早川再鑑定書におけるスズ検量線．この図の検量線はさまざまな意味で悪い検量線の例である．

図 11.1 の検量線が適切ではない理由を複数挙げることができる．すなわち，(i) 縦軸を測定したビームサイズは 1 mm 角であって小さすぎたこと（§9 のサンプリング面積と測定精度を参照）．(ii) バックグラウンドの引き方が適切ではなかったこと（図 11.1 に outlier が存在したことから，蛍光 X 線スペクトルのバックグラウンド自動除去手順を見直したところ，負の強度が出てもかまわず引き算をしていたことが判明した）．(iii) 検量線は，横軸ができるだけ等間隔で離れた 5〜6 点以上となるようにすべきところ，左端と右端にデータが集中しすぎている）．などの欠陥を挙げることができる．

直線に乗る試料と，外れ値を示す試料とでは，共存元素が異なることが原因の場合がある．共存元素が酸に不溶な場合には，酸溶解する分析方法では誤差になる．スペクトルが偶然に重なる元素が共存している場合もある．ある大学のキャンパス内の電源が毎朝午前 5 時に切り替わるために，自動測定のうちでも，その切り替え時間をまたぐ測定だけが異常値を示した例もあった．異常値は新しい発見のヒントとなる可能性もあるから，軽視すべきではないし，図 11.1 のように異常値が頻繁に表れる定量手法を用いたのでは，方法 1 の分析値が正しいのか，方法 2 の分析値が正しいのかさえ判定できない．検定によって異常値を棄却する手順は，一見すると科学的に正しいかのように見えるが，原因解明を避けていることになり，推奨できない．

分析化学を大学の専門で習うようになって最初に学ぶのは，「いったん測定したデータは，軽々しく（あるいは「絶対に」）棄却してはならない」という教訓である．

かつてある研究者が得た実験結果が，あり得ないほど高精度のデータだったことがある．実験ノートを詳しくチェックしてみると，非常に多数回の測定を行っていることがわかった．しかし，理論値から少しでも外れた数値が計測されると，その測定は間違っていたとして横線を引いて統計処理から除外していたことが判明した．多数回の繰り返し測定を行う実験のうちのたとえ1回のデータであったとしても異常値として軽々しく削除してはならない．

腫瘍マーカーのPSA（前立腺特異抗原）値をどう評価すべきかが上本の本[1]には説明されている．人間ドックでは1年当たり1回の検査であって，1回の人間ドックで3回繰り返し検査することはしない．これはPSA値をスクリーニングに用いているからである．疑わしいPSA値が得られた場合には，期間をおいて検査を繰り返して経過を観察したり精密検査を行う．同様な例は航空機の安全検査にもあてはまる．航空機の場合には，疑わしい検査結果が出れば，即座に飛行停止にして詳しい検査を行う．

本節をまとめると，

(i) 異常値を検定によって棄却するのは，異常値の原因解明を逃げていることになる．

(ii) いったん測定したデータを削除してはならない．

(iii) 1回だけの計測データであって，標準偏差が併記されていなくても，だからと言って無視してはならない．

(iv) 普段から決まった手順で計測している場合には，標準偏差が明らかであるから，1回計測すれば十分である場合が多い．

参考文献

[1] 上本道久：『分析化学における測定値の信頼性，考え方と記載方法』日刊工業新聞社（2013）p.18（カドミウムの排水基準，PSAマーカー），p.114（Q検定）．

[2] 上本道久：『分析化学における測定値の正しい取り扱い方，“測定値”を“分析値”にするために』，日刊工業新聞社（2011）p.66.

§12　情報量（エントロピー）

2個のサイコロの目の和の可能な組み合わせを図3.1に示した．この図からわかることは「7」が最も高い確率で出現することである．2～12が可能な目の和の数値であるとしても，「7」に賭けるべきであって，「2」や「12」に賭けるべきではないことがわかる[1]．目の和として可能な2～12の中で「7が最大のエントロピーをもつ」．7を実現する目の取り方は，6＋1，5＋2，4＋3，…，1＋6まで6通り存在する．「7」のもつエントロピーは，7を実現するための場合の数を示す尺度[1]となる．2個のサイコロではエントロピーの重要性はわからないが，気体分子のように極めて多数の粒子から構成される場合には，最大確率の状態（＝エントロピー最大の状態）が実現すると考えるのが熱力学第2法則である．

2個のサイコロの目の場合の数は，$6^2 = 36$であり，そのエントロピーは2（$= \log_6 36$）である．サイコロが2個の目の和を6進数で表すと2桁となることに対応している．

コンピュータを当たり前に使う現代においては，サイコロよりコンピュータで扱うデータ量が情報量としてわかりやすい．「情報量」または「情報エントロピー」とは，データ量を2進数で表した場合の桁数を意味する．**エントロピーの単位をビット（bit）という**[2]．

ハードディスクの容量（ハードディスクに蓄えられるデータ量）をたとえば「1 TB（テラバイト）」であると日常いうのは，蓄えられる情報量をバイト単位で表していることに相当する．フロッピーディスクは，1970年代8インチ100 kB（キロバイト），1970年代末5インチ1 MB（メガバイト），1980年代3.5インチ1 MBが使われたが，1990年代には20 MBのハードディスクが普及し，その後100 GB～1 TBへと急速に大容量化した．

ビット（bit）やバイト（byte）の定義は以下の通りである．

2進法の1桁を1ビットという．$2^1 = 1\ \mathrm{bit} = 1\ \mathrm{b}$.

2進法の8桁（=256）を1バイトという．$2^8 = 256 = 1\ \mathrm{byte} = 1\ \mathrm{B}$.

厳密には，$1\ \mathrm{kB} = 2^{10}\ \mathrm{B}$，$1\ \mathrm{MB} = 2^{20}\ \mathrm{B}$，$1\ \mathrm{GB} = 2^{30}\ \mathrm{B}$，$1\ \mathrm{TB} = 2^{40}\ \mathrm{B}$ であるが，$2^{10} = 1024$ だから，近似的にはB，kB，MB，GB，TBは約1000倍（3桁）ずつ大きくなる．メモリ容量を 2^N で表したときの桁数 N が情報エントロピーである．

Szillard（シラード）は1928年の論文[3]で，仕切とピストンからなる容器に1個の分子を入れた，いわゆる「シラードのエンジン」を考えて，仕切のどちら側に分子が入っているかを観測すると，熱力学的エントロピーが $\Delta S = k\ln 2$ だけ減少することを示した．このことはShannon[4] が情報エントロピーを発見した後の1950年代まで忘れられていた[5].

§32 実数連続とAIで説明するが，本書執筆時（2019年）のAIブームは史上3回目に当たる．第1次AIブーム（1950年代）はShannonの論文[4]が出版された直後である．第2次AIブーム（1980年代）はコンピュータの小型化による．情報論の書籍も1956年のブリルアン（Brillouin）の『科学と情報理論』[6]，1979年の『Information theory as applied to chemical analysis（情報理論の応用としての化学分析）』[7]，1980年代の『情報量統計学』[8]などが出版された．『情報理論の応用としての化学分析』には情報エントロピー

$$H = -\sum_i p_i \ln p_i \tag{12.1}$$

や「パターン認識」等の概念の説明はあるが，実際的な応用例はなかった．式(12.1)の H は η（イータ）の大文字を意味する．

エントロピーに関する親しみやすい論考は，京都エネルギー・環境研究協会（通称「エネカン」ホームページ[9]参照.）

参考文献

［1］Robert M. Bevensee: “Maximum Entropy Solutions to Scientific Problems”, Prentice Hall (1993) preface.

［2］赤　攝也：『確率論入門』，ちくま学芸文庫 (2014) p.229.

［3］L. Szillard: Über die Entropieverminderung in einem thermodynamischen System bei

Eingriffen intelligenter Wesen, *Zeitschrift für Physik*, **53** (11-12), 840-856 (1929).

[4] C. E. Shannon: A mathematical theory of communication, *The Bell System Technical Journal*, **27**, 379-423 (1948).

シャノンの伝記が最近出版された．ジミー・ソニ，ロブ・グッドマン：『クロード・シャノン，情報時代を発明した男』小坂恵理 訳，筑摩書房 (2019); Jimmy Soni, Rob Goodman, "How Claude Shannon Invented the Information Age", Simon & Schuster (2017).

[5] Bernard H. Lavenda: "Statistical Physics, A Probabilistic Approach", Dover (2016), Wiley (1991) p.3.

[6] L. ブリルアン：『科学と情報理論』佐藤　洋 訳，みすず書房 (1969)；L. Brillouin: "Science and Information Theory", Academic Press (1956).

[7] K. Eckschlager, V. Štěpánek: "Information theory as applied to chemical analysis", Wiley (1979).

[8] 坂本慶行，石黒真木夫，北川源四郎：『情報量統計学』共立出版 (1983).

[9] 新宮秀夫：エネカンホームページ，http://www.enekan.jp/

§13　統計物理における　エントロピー最大化

平衡状態に対する統計力学では，もっとも確からしい微視的状態は，その重み W が最大をとるときに実現される[1].

図 13.1 に示す可算無限個の箱を考える．i 番目の箱に N_i 個の分子を入れるとして，分子の入れ方を数え上げることによって，分子の速度分布，すなわち Maxwell-Boltzmann 分布

$$N_i = N\exp(-\beta\varepsilon_i) \tag{13.1}$$

を導出することができる[2]．箱は無限個あるが，分子数 N は 10^{23} 個程度で有限であり，エネルギーも有限であるから，i の大きな箱はほとんど空箱と考えてよい．分子の速度 v_i とエネルギー ε_i の関係は，

$$\varepsilon_i = \frac{1}{2}mv_i^{\,2} = \frac{1}{2}m(v_{xi}^{\,2} + v_{yi}^{\,2} + v_{zi}^{\,2}) \tag{13.2}$$

である．

v_i は各箱の中では一定であり（Δv_i の幅を持つ），箱の中の分子数 N_i は，多少は揺らぐとしても，変化しないとする．

全分子数を N，全エネルギーを E とすると，

$$N = \sum N_i \tag{13.3}$$

$$E = \sum \varepsilon_i N_i \tag{13.4}$$

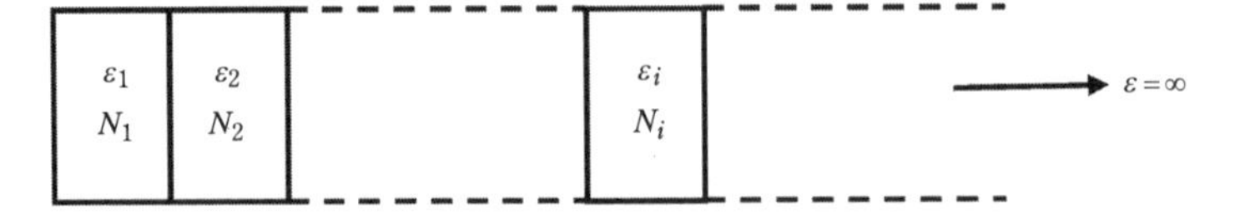

図 13.1　i 番目の箱は，平均エネルギー ε_i を持つ分子を N_i 個含む.

という拘束条件がある．各箱に N_1，N_2，…，N_i．…個の分子を詰める組み合わせの数は，

$$W = \frac{N!}{N_1!N_2!\cdots N_i!\cdots} \tag{13.5}$$

通り存在する．

確率が最も高い詰め方は，Wが最大となる詰め方であり，Wを最大化してもよいが，それより，その対数（エントロピー）

$$H = \ln W \tag{13.6}$$

を最大化するための条件を計算する．そのためには，Stirlingの近似式[3]により，

$$H = N\ln N - \sum N_i \ln N_i \fallingdotseq -\sum N_i \ln\frac{N_i}{N} \tag{13.7}$$

を最大化すればよい．式(13.3, 4)より，

$$\sum N_i - N = 0 \tag{13.8}$$

$$\sum \varepsilon_i N_i - E = 0 \tag{13.9}$$

だから，Lagrangeの未定乗数法を用いて，

$$F = \ln W + \alpha\left(\sum N_i - N\right) + \beta'\left(\sum \varepsilon_i N_i - E\right) \tag{13.10}$$

と置き，N_i変化させたときにFを最大化させれば$\ln W$を最大化させることができる．式(13.7)を用いて(13.10)を書きなおせば，

$$F = -\sum N_i \ln\frac{N_i}{N} + \alpha\left(\sum N_i - N\right) + \beta'\left(\sum \varepsilon_i N_i - E\right) \tag{13.11}$$

となるから，任意のN_jをδN_jだけ変化させたときに，Fは極値をとるので$\delta F = 0$となるはずだから，

$$\delta F = 0 = -\left[\delta N_j + \delta N_j \ln\frac{N_j}{N}\right] + \alpha\delta N_j + \beta'\varepsilon_j \delta N_j \tag{13.12}$$

これより，$\ln\left(\frac{N_j}{N}\right) = -1 + \alpha + \beta' \varepsilon_j$ (13.13)

を得る[2]．式 (13.13) の$\beta' = -\frac{1}{kT}$なので，$\ln A = -1 + \alpha$ と $-\beta' = \beta = \frac{1}{kT}$ とを用いて式 (13.13) を書きなおせば，

$$N_i = AN \exp(-\beta \varepsilon_i) \tag{13.14}$$

となり，式 (13.1) を得る．A は規格化条件から決めることが可能である．

上で，全分子数 N と全エネルギー E が不変であるという条件の下に，分子の速度分布を求めることができた．このように underdetermined (前提とする既知のデータの数が N と E の 2 個だけという絶対的に不足した状態) であっても，エントロピーを最大化させるという条件を用いれば，10^{23} 個の分子の速度分布を求めることができたのである．

式 (13.12) から Maxwell-Boltzmann 分布〔式 (13.14) または式 (13.1)〕を得ることができたのは，$H = \ln W$ が N_i の非線形方程式だったからである[2]．もしも H が$\sum c_i N_i$のように N_i の線型方程式であったなら，変分原理によって N_i を得ることはできない．

式 (13.6) にはボルツマン定数 k を含んでいない．統計力学における Boltzmann-Gibbs エントロピー (Gibbs はギブズまたはギブスとよむ) はボルツマン定数 k を含んでいるが，式 (13.6) は理想気体に対する式でありながら k は含まず，単なる組み合わせの数を数え上げた桁数を表している．

分子速度の x，y，z 成分が v_x，v_y，v_z と $v_x + dv_x$，$v_y + dv_y$，$v_z + dv_z$ の間の値を取る確率が $f(v_x)f(v_y)f(v_z)\, dv_x dv_y dv_z$ と表されるとき，式 (13.2) により，あたらしい関数 Φ を用いて，

$$\Phi\left(\sqrt{{v_x}^2 + {v_y}^2 + {v_z}^2}\right) = f(v_x)f(v_y)f(v_z) \tag{13.15}$$

と表すことができる．式 (13.15) は，(和の関数) = (関数の積) という形だから Maxwell-Boltzmann 分布は対数関数か指数関数であることが直感的に推測可能である[4]．

参考文献

［1］ 田中一義：『統計力学入門，化学の視点から』，化学同人 (2014) p.37；田中一義，化学つれづれ草 第17回，「面白そうなテーマ」，化学（化学同人），**73** (9)，27 (2018)．

［2］ 本節は主に Robert M. Bevensee, “Maximum Entropy Solutions to Scientific Problems”, Prentice Hall (1993) pp.3-9 によった．

［3］ Stirling の公式には，n^0，n^{-1}，…と級数展開したとき，n の次数に応じて精度が良くなる〔竹内　啓，藤野和建，『2 項分布とポアソン分布』東京大学出版会 (1981) p.207〕．

n^0 の項まで展開すると，$N! \fallingdotseq \sqrt{2\pi N}\left(\frac{N}{e}\right)^N \Leftrightarrow \ln(N!) \fallingdotseq N(\ln N - 1) + \frac{1}{2}\ln(2\pi N)$，$\frac{1}{2}\ln(2\pi)$ はエントロピー軸を平行移動させるので無視し，N に比べて $\ln\sqrt{N}$ も無視すると，よく使われる式，$\ln(N!) \fallingdotseq N\ln N - N$，となり，$N = 5000$ 程度で，$N\ln N - N$ は $\ln(N!)$ と 0.01％程度しか違わなくなり，十分よい近似となる．$N = 10$ までの $\sqrt{2\pi N}\left(\frac{N}{e}\right)^N$ を表 13.1 に示す．N が小さくても十分な精度がある．

表 13.1　スターリングの公式の近似値．

N	$N!$	$\sqrt{2\pi N}\left(\frac{N}{e}\right)^N$
1	1	0.922
2	2	1.919
3	6	5.836
5	120	118.019
10	3628800	3598695.6

［4］ 河合　潤：『熱・物質移動の基礎』，丸善 (2005) pp.47-49.

§14　最大エントロピー法（MEM）

統計力学の教えるところでは，自然はエントロピー S を最大とする状態を選択して実現する．その一例を §13 で示した．もう一例を挙げれば，地球の質量を M，半径を R，慣性モーメントを J とすると，これら 3 つのデータのみから，エントロピーを最大化するように地球の半径方向の密度分布 $\rho(r)$ を決定することができる[1]．地球が形成されるとき，熱力学に従うならばエントロピーが最大の状態が実現するのは当然である．ユニーク（一意的）に問題を解くためには，地球の M，R，J の 3 つのデータだけでは，前提とする既知のデータの数が絶対的に不足している（underdetermined）が，エントロピーを最大化する条件を使えば，もっとも確からしい解を得ることができる．これが MEM 法[2] である．ただし地球の凝集（内部は流体であるが）はあくまで統計力学の問題であって，スペクトルのような数値データを相手にする場合とは論理的なギャップが存在する．このギャップを埋めたのが Burg である．統計力学的現象に限らず，サイコロであってもスペクトルであっても，エントロピーが最大となる目の和やスペクトル形状が実現するわけであるから，Burg のアイデアは後述するとおり「正にコロンブスの卵」であった．

中村ら[3] は Jaynes の解説論文[4] を要約して，「エントロピー最大化の方法を不完全なデータから未知パラメータの推定問題に導入したのは，ジェインズ（1957）が最初」だとしたうえで，「ブルグ（1967）がスペクトル推定に最大エントロピー法を導入して以来，画像復元，画像再構築，逆たたみ込みなど種々の問題にエントロピー最大化の手法が導入されている」と説明している．Jaynes の 1957 年の論文[5] には maximum entropy estimates 等が説明されてはいるが，第 1 論文は統計力学，第 2 論文は量子統計力学の論文であって，MEM 法を最初に提案した論文とは言えない．Jaynes の解説[4] は，Burg の文献が入手しにくいことに乗じて Burg の貢献を軽く扱い，Jaynes 自身の貢献を過大に評価しすぎている．少し長くなるが，日野幹雄『スペクトル解析』の最大エントロピー法の解説を引用する[6]．

「1967年Burgは，“情報エントロピーを最大にするようにスペクトルを決定する”というこれまでのスペクトル計算法とはまったく異なる考え方に立って，ランダムデータのスペクトルを推定する方法を提案した．これは，Cooley-Tukey法（1965年）に遅れることわずかに2年後の発表である．しかも，短いデータからも分解能の高い安定したスペクトルが求まるというそのすばらしい特徴にもかかわらず，MEMが一般の研究者に波及するのははるかに遅れ1970年以後である．

MEMがごく最近《日野の本の出版は1977年》まで少数の人々の間に限られていたのは，情報エントロピーという考え方がとっつきにくいというだけではなく，Burgの論文が一般研究者がほとんど入手できない特殊な研究集会のProceedingsに発表されたこと，B-T法やFFT法の普及で研究者がそれほど不便を感じていなかったこと，地下探査といった地味な分野で開発されたことなどを挙げることができるであろう．」(p.210)

「Burgにわずかに遅れ，赤池弘次（1969）は自己回帰式に基づくスペクトル計算法を発表した．これはアルゴリズム的にはMEMとほとんど同一で，両者は自己相関関数の推定法が異なるのみである．」(p.210)

「Burgの考え方をたどってみると，従来から地震波による地質構造の解析に用いられていたDeconvolutionの考え方に根ざしていることがわかる．Deconvolutionはよく知られているWienerの予測フィルター理論の延長，すなわち，あるスペクトルをもつランダム波を発生させうる“白色雑音を入力とする系”を探り出すということであり，エントロピーなどという概念によるまでもなく，いわれてみればごくあたり前のことで，正にコロンブスの卵といえるであろう．

しかも，Burgの功績は，単に情報エントロピー最大という概念でスペクトルを定義したことに止まらず，さらにそれを具体的に計算する効果的なアルゴリズムを開発したことである．このBurgアルゴリズムなしには，分解能の高いMEMスペクトルを得ることはできない．」(pp.210-211)

「《MEM法は，Blackman-Tukey法やFFTに比べて》(a) 短いデータからもスペクトルの推定が可能である，(b) スペクトルの分解能が極めて高い，という圧倒的な優秀性を持っている．」(p.83)

上の長い引用に少し解説を加えるならば，B-T 法は Blackman-Tukey（チューキー）法のこと，Cooley-Tukey 法（1965 年）は FFT（高速フーリエ変換）法のことである．

John Parker Burg（米国人だからバーグと読むべきだろう）の論文[7] はどれも入手が難しいため，MEM の論文に引用されることはほとんどない．しかし，「情報エントロピー最大という概念でスペクトルを定義したこと」は統計力学から離れて一般のデータ処理に応用できることに気付いた点で重要であり，加えて日野が述べるように「それを具体的に計算する効果的なアルゴリズムを開発したこと」という大きな業績もある．

MEM 法を用いて角度分解 X 線光電子（XPS）スペクトルから深さ方向の元素分布を求めた論文[8]，XPS スペクトルをデコンボリューションして高分解能化を行った論文[9, 10]，X 線回折データから巨大生体分子の電子密度分布を求める論文[11] などがあるが，ほとんどの MEM 論文は，Shannon や Jaynes には言及しているが，「情報エントロピー最大という概念でスペクトルを定義した」という Burg の理論には触れていない．

赤池の方法については §25 のスプライン関数によるスペクトルの平滑化法で述べる．

参考文献

［1］Robert M. Bevensee: "Maximum Entropy Solutions to Scientific Problems", Prentice Hall (1993)．この本は MEM 法の地球物理学や天文学の画像処理を例に統計力学との関連を説明した書籍．この本の地球の密度に関する章は，たとえば，D. P. Rubincam, Information theory lateral density distribution for Earth inferred from global gravity field, *Journal of Geophysical Research Solid Earth (JGR Solid Earth)*, **87** (B7), 5541-5552 (1982) などに基づいて書かれている．

［2］MEM は Maximum Entropy Method の略なので，「MEM 法」と書くと Method と「法」が重複するが，本書では「MEM 法」と言うことにする．

［3］中村正彦，鈴木　豊，小林　真，友田春夫，高橋　隆：心 RI アンジオグラフィ動態解析法への最大エントロピー原理の導入，心臓，**20** (1)，104-111 (1988)．

［4］E. T. Jaynes: On the rationale of maximum-entropy method, *Proceedings of the IEEE*, **70** (9), 939-952 (1982).

[5] E. T. Jayns: Information theory and statistical mechanics, *Physical Review*, **106** (4), 620-630 (1957) ; 同 II, **108** (2), 171-190 (1957).

[6] 日野幹雄：『スペクトル解析』, 朝倉書店 (1977) pp.83, 210-211 から引用した．この本にはまた，Blackman-Tukey 法，FFT 法，MEM 法の FORTRAN プログラムが掲載されている．いずれも 2～4 ページという短いプログラムである．これらのプログラムは，「(1) 主プログラムは計算の骨格がわかる程度の極簡単なもの―サブルーチンの呼び出しのみ―とせよ．(2) 一つのサブルーチンの長さは，プログラムリスト 1 頁以内にとどめよ．(3) プログラムは巧妙さをさけ，平易さを尊べ.」(p.183) というプログラム三原則に基づいておりわかりやすい．自分の得意な言語のプログラムに書き直すのも容易である．

[7] [a] J. P. Burg: Maximum entropy spectral analysis, Proceedings of the 37th Meeting of the Society of Exploration Geophysicists, Oklahoma City OK, Oct. **31** (1967) ; [b] Reprinted in "Modern Spectrum Analysis", D. G. Childers (ed.) IEEE Press (1978) pp.34-41; [c] John Parker Burg, "Maximum entropy and spectral analysis", PhD Thesis Stanford University, Stanford CA (1975); [d] J. P. Burg, A new analysis technique for time series data, Advanced Study Institute on Signal processing, NATO, Enschede Netherlands (1968). [a] と [b] は同一論文，[d] は [b] の pp.42-48 に収録されている．[b] は MEM 等の論文 39 報を収録した論文集なので，「一般研究者がほとんど入手できない特殊な研究集会の Proceedings に発表された」とはいうものの探せば [a]～[d] のどれかを見つけることは可能.

[8] A. K. Livesey, G. C. Smith: The determination of depth profiles from angle-dependent XPS using maximum entropy data analysis, *Journal of Electron Spectroscopy and Related Phenomena*, **67**, 439-461 (1994).

[9] R. P. Vasquez, J. D. Klein, J. J. Barton, F. J. Grunthaner："Application of maximum-entropy spectral estimation to deconvolution of XPS data", *Journal of Electron Spectroscopy and Related Phenomena*, **23**, 63-81 (1981).

[10] N. S. McIntyre, T. Do, H. Piao, S. J. Splinter：Improvements to the analysis of x-ray photoelectron spectra using a maximum entropy method for deconvolution, *Journal Vacuum Science and Technology*, **A17** (4), 1116-1121 (1999).

[11] S. W. Wilkins, J. N. Varghese, M. S. Lehmann：Statistical geometry. I. A self-consistent approach to the crystallographic inversion problem based on information theory, *Acta Crystallographica.*, **A39**, 47-60 (1983).

§15　自己相関関数と最大エントロピー法によるスペクトル推定

$x(t)$ と同波形で t が一定値 τ だけずれた点における測定値 $x(t+\tau)$〔もしくは $x(t-\tau)$〕について，それらの積を t について積分した関数を考える．この関数を自己相関関数 (auto correlation function) とよび，式 (15.1) で定義する．

$$R(\tau)=\int_{-\infty}^{\infty}x(t+\tau)x^*(t)dt=\int_{-\infty}^{\infty}x(t)x^*(t-\tau)dt \tag{15.1}$$

ここで，$x^*(t)$ は $x(t)$ の複素共役を表す．

$x(t)$ を式 (15.2) で表される傾き -1, 高さ 1 のノコギリ波の 1 パルスとすると，その自己相関関数 $R(\tau)$ は式 (15.3) となる．式 (15.3) の値は 2 つの関数が交差する面積となる．この交差する面積の値を τ に対してプロットしたものを**図 15.1** に示す．式 (15.1) の定義式からもわかるように，$x(t)$ が実関数のとき $R(\tau) = R(-\tau)$ であり，$f(\tau)$ は偶関数となる．

$$x(t)=\begin{cases}0\ (t<0, 1<t)\\ -t+1\ (0\le t\le 1)\end{cases} \tag{15.2}$$

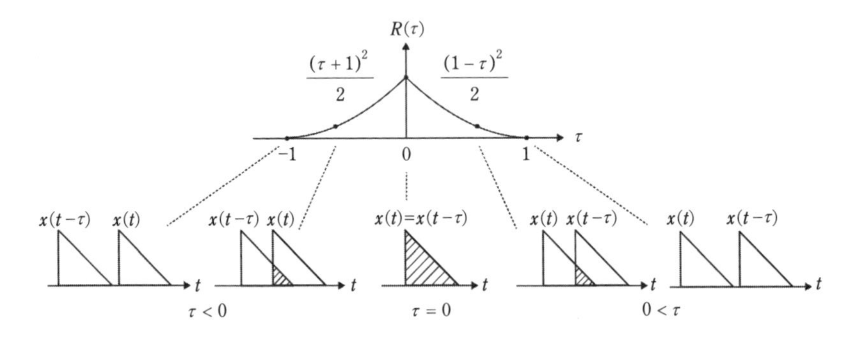

図 15.1　$x(t)$ を 1 パルスだけのノコギリ波としたときの自己相関関数 $R(\tau)$．斜線部は 2 つの関数 $x(t)$ および $x(t-\tau)$ が交差する面積を表す．

$$R(\tau)=\begin{cases}\dfrac{(\tau+1)^2}{2}\ (-1\le\tau<0)\\ \dfrac{(1-\tau)^2}{2}\ (0\le\tau<1)\\ 0\ (\tau<-1,\ 1\le\tau)\end{cases} \tag{15.3}$$

自己相関関数 $R(\tau)$ のフーリエ変換は式 (15.4) に示すとおり $|X(\omega)|^2$ となる. $X(\omega)$ は $x(t)$ のフーリエ変換である.

$$\begin{aligned}\int_{-\infty}^{\infty}R(\tau)e^{-i\omega\tau}d\tau &= \int_{-\infty}^{\infty}\left[\int_{-\infty}^{\infty}x(t)x(t-\tau)dt\right]e^{-i\omega\tau}d\tau\\ &= \int_{-\infty}^{\infty}x(t)dt\left[\int_{-\infty}^{\infty}x(t-\tau)d\tau\right]e^{-i\omega\tau}\\ &= \int_{-\infty}^{\infty}x(t)dt\left[\int_{-\infty}^{\infty}x(s)ds\right]e^{-i\omega(t-s)}\\ &= \int_{-\infty}^{\infty}x(t)e^{-i\omega t}dt\cdot\int_{-\infty}^{\infty}x(s)e^{i\omega s}ds\\ &= X(\omega)\cdot X(-\omega)\\ &= |X(\omega)|^2\end{aligned} \tag{15.4}$$

ここでは, 時系列データを少ないパラメータでモデル化し, §14 最大エントロピー法 (MEM) を用い, 未知の自己相関関数を求めスペクトルを推定する手順の概略を示す [1-5].

時系列データのモデル化を行う. 離散的な時系列データについて, ある時刻 $t=n$ での出力 x_n を過去のデータの線形結合として式 (15.5) のように表す.

$$x_n=-a_1x_{n-1}-a_2x_{n-2}-\cdots-a_mx_{n-m}+\alpha_n=-\sum_{k=1}^{m}a_kx_{n-k}+a_n \tag{15.5}$$

ここで α_n は平均 0, 標準偏差 σ のホワイトノイズとする. この形のモデルは, 出力 x_n を $t=n$ よりも過去に得られたデータ $\{x_{n-1},\ \cdots,\ x_{n-m}\}$ を用いて予測するため, 自己回帰 (auto regression) モデルと呼ばれる.

式 (15.5) に対し z 変換 [6] を行うと

$$X(z)+X(z)\left(\sum_{k=1}^{m}a_kz^k\right)=\sigma$$

$$X(z)\left(1+\sum_{k=1}^{m} a_k z^k\right)=\sigma$$

$$\left|X(z)\right|^2=\frac{\sigma^2}{\left|1+\sum_{k=1}^{m} a_k z^k\right|^2} \tag{15.6}$$

となる．したがって，スペクトルは，サンプリング間隔を Δt，z を $\exp(-i\omega\Delta t)$ とし，a_k を用いて式 (15.7) として得られる．

$$\frac{\sigma^2\Delta t}{\left|1+\sum_{k=1}^{m} a_k \exp(-i\omega k\Delta t)\right|^2} \tag{15.7}$$

測定した時系列データは有限長であり，時間ずれの大きい点における自己相関の情報が不足している．これを最大エントロピー法により決定する．

式 (15.5) の両辺に，$t=n-l$ における測定値 x_{n-l} $(l=0, 1, \cdots m)$ を乗じると

$$x_n\cdot x_{n-l}=-\sum_{k=1}^{m} a_k x_{n-k}\cdot x_{n-l}+\alpha_n\cdot x_{n-l} \tag{15.8}$$

となる．サンプリング間隔を Δt として，$\{x_n, \cdots, x_{n-m}\}$ の $(m+1)$ 個のデータの測定時間に対する式 (15.8) の平均は，

$$\frac{1}{(m+1)\Delta t}\sum_t x_{t-k}x_{t-l}\cdot\Delta t \tag{15.9}$$

であり，これは離散データに対する自己相関関数 $\frac{1}{(m+1)}\sum_t x_{t-k}x_{t-l}$ である．これより式 (15.8) の平均は

$$R(l)=-\sum_{k=1}^{m} a_k R(l-k)+\delta(l)\sigma^2 \tag{15.10}$$

となる．$\delta(l)$ はディラックの δ 関数である．$R(l)$ を実関数とし，式 (15.10) に $(l=0, 1, \cdots m)$ を代入すると，(15.11) のような $(m+1)$ 個の連立方程式が得られる．

$$
\begin{pmatrix} R(0) & R(-1) & \cdots & R(-m) \\ R(1) & R(0) & \cdots & R(1-m) \\ \vdots & \vdots & \ddots & \vdots \\ R(m) & R(m-1) & \cdots & R(0) \end{pmatrix} \begin{pmatrix} 1 \\ a_1 \\ \vdots \\ a_m \end{pmatrix} = \begin{pmatrix} \sigma^2 \\ 0 \\ \vdots \\ 0 \end{pmatrix} \tag{15.11}
$$

また，$l = m+1$ の未知の自己相関関数 $R(m+1)$ に対しては式 (15.12) が成り立つ．

$$
R(m+1) + a_1 R(m) + \cdots + a_{\mathrm{m}} R(1) = 0 \tag{15.12}
$$

(15.11) と (15.12) より

$$
\begin{pmatrix} R(1) & R(0) & \cdots & R(1-m) \\ R(2) & R(1) & \cdots & R(-m) \\ \vdots & \vdots & \ddots & \vdots \\ R(m+1) & R(m) & \cdots & R(1) \end{pmatrix} \begin{pmatrix} 1 \\ a_1 \\ \vdots \\ a_m \end{pmatrix} = \begin{pmatrix} 0 \\ 0 \\ \vdots \\ 0 \end{pmatrix} \tag{15.13}
$$

となる．式 (15.13) が解をもつとき

$$
\begin{vmatrix} R(1) & R(0) & \cdots & R(1-m) \\ R(2) & R(1) & \cdots & R(-m) \\ \vdots & \vdots & \ddots & \vdots \\ R(m+1) & R(m) & \cdots & R(1) \end{vmatrix} = 0 \tag{15.14}
$$

が成立するため，$R(m+1)$，a_k，σ^2 を決定することができる．

ここで式 (15.11) の

$$
\begin{pmatrix} R(0) & R(-1) & \cdots & R(-m) \\ R(1) & R(0) & \cdots & R(1-m) \\ \vdots & \vdots & \ddots & \vdots \\ R(m) & R(m-1) & \cdots & R(0) \end{pmatrix}
$$

で表される自己相関関数行列を Φ_m とする．いま，R は実関数なので $R(l) = R(-l)$ となる．R が複素関数の場合，Φ_m はエルミート行列となる．

式 (15.5) のように表される離散時系列データの情報エントロピー H は Φ_m の行列式の対数に比例する[6]．

$$
H \propto \ln(\det \Phi_m) \tag{15.15}
$$

これより $\det \Phi_{m+1}$ が最大になるよう $\frac{\partial H}{\partial R}=0$ とすると，式 (15.14) と同じ表式が得られる[7]．これにより $R(m+1)$ を求め，有限の時系列データから自己相関関数を外挿する．このようにして情報量エントロピーが最大となる自己相関関数の組み合わせを有するスペクトルを推定することができる．

式 (15.11) で表わされる $(m+1)$ 個の連立方程式を解く場合，a_k と σ^2 を未知数とする Yule-Walker 法と，$R(m)$ も未知数と考える Burg 法がある．Burg 法では，$(m+1)$ 個の方程式に対し未知数が $(m+2)$ 個となるので「信号を正および逆向きに通したときの出力の平均値が最小になる」という条件を考慮する必要がある[1]．

図 15.2 は Burg 法によるスペクトル推定の結果である．2 つのローレンツ関数を足し合わせた 256 チャンネルの模擬データ（データの詳細については §16 を参照）から，21～40 または 91～110 チャンネルのそれぞれ 20 チャンネルのデータより推定を行った．ピークの裾野のデータだけを用いた場合でも，2 つのピークが推定できることがわかる．MEM 法によるスペクトル推定の特徴は

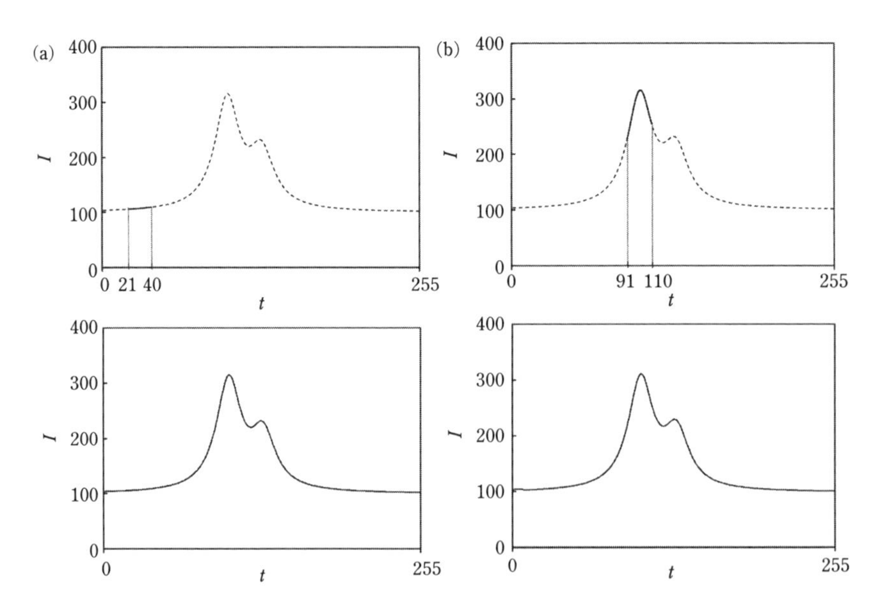

図 15.2　MEM 法による時系列データ推定．(a) 21～40 チャンネルのデータ（上）からスペクトルを推定（下），(b) 91～110 チャンネルのデータ（上）からスペクトルを予測（下）．

短い観測データからスペクトルを得ることができることである[3]．MEM 法によるスペクトル推定では「与えられたデータしか使わないということは，いわゆる統計処理による細部構造のつぶしをまぬがれることとなり，分解能は増大する」[1]．

参考文献

［1］日野幹雄：『スペクトル解析』，朝倉書店（1977）．

［2］R. P. Vasquez, J. D. Klein, J. J. Barton, F. J. Grunthaner：Application of maximum-entropy spectral estimation to deconvolution of XPS data, *Journal of Electron Spectroscopy and Related Phenomena*, **23**, 63-81 (1981).

［3］原島　博：最近のスペクトル解析，電気学会誌，**101** (8)，782-786 (1981)．

［4］常盤野和夫，大友詔雄，田中幸雄：最大エントロピー法による時系列解析―Memcalc の理論と実際―，北海道大学図書刊行会，pp.2-77（2002）．

［5］連続信号 $x(t)$ を周期 T でサンプリングした離散信号系列 $\{x(0),\ x(T),\ x(2T),\ \cdots\}$ に対し §30 ラプラス変換における式 (30.8) 右辺と同様の操作を行うと

$$x(0)\ e^{-s\cdot 0}+x(T)\ e^{-s\cdot T}+x(2T)\ e^{-s\cdot 2T}+\cdots \tag{15.16}$$

となる．ここで，$z^{-1}=e^{-sT}$ とすると式 (15.16) は

$$x(0)z^0+x(T)z^{-1}+x(2T)z^{-2}+\cdots=\sum_{k=0}^{\infty}x(kT)z^{-k} \tag{15.17}$$

とかける．離散信号系 $\{x(0),\ x(1),\ x(2),\ \cdots\}$ に対して式 (15.17) は

$$(z)=\sum_{k=0}^{\infty}x(k)z^{-k}$$

となり，$x(t)$ に対するこの操作を z 変換と呼ぶ．z^{-k} は $x(0)$ からの時間遅れを意味し，z 変換は $\{x(0),\ x(1),\ x(2),\ \cdots\}$ にそれぞれの時間遅れをかけて積算したものである．

［6］D. E. Smylie, G. K. C. Clarke, T. J Ulrych：Methods in Computational Physics, 13, Academic Press, New York, pp.391-430 (1973)．z 変換はラプラス変換を離散化したもの．

［7］
$$\frac{\partial H}{\partial R(m+1)}=\frac{\partial \ln(\det \Phi_{m+1})}{\partial R(m+1)}=\frac{1}{\det \Phi_{m+1}}\cdot\frac{\partial \det \Phi_{m+1}}{\partial R(m+1)}=0 \tag{15.18}$$
を計算する．

各成分が微分可能な正方行列 $A(t)$ に対し

$$\frac{\partial \det A(t)}{\partial t}=\det A(t)\cdot \mathrm{tr}\left(A^{-1}(t)\cdot\frac{\partial A(t)}{\partial t}\right) \tag{15.19}$$

が成り立つ(tr：対角和)．$A=\Phi_{m+1}$，$t=R(m+1)$とすると式(15.19)の対角和の中身は

$$\frac{1}{\det\Phi_{m+1}}\begin{pmatrix} (-1)^{1+m+2}\begin{vmatrix} R(1) & \cdots & R(m+1) \\ \vdots & & \vdots \\ R(m-1) & \cdots & R(1) \end{vmatrix} & \cdots & 0 \\ \vdots & 0 \ddots & \\ 0 & & (-1)^{1+m+2}\begin{vmatrix} R(1) & \cdots & R(m-1) \\ \vdots & & \vdots \\ R(m+1) & \cdots & R(1) \end{vmatrix} \end{pmatrix}$$

となる．$\det(A)=\det({}^tA)$ (${}^tA$：Aの転置行列) なので，式(15.18)は

$$\frac{\partial H}{\partial R(m+1)}=\frac{\partial \ln(\det\Phi_{m+1})}{\partial R(m+1)}$$

$$=\det\Phi_{m+1}\cdot\left\{\frac{1}{\det\Phi_{m+1}}\cdot 2\cdot(-1)^{m+3}\cdot\begin{vmatrix} R(1) & R(0) & \cdots & R(m-1) \\ \vdots & \vdots & & \vdots \\ R(m) & R(m-1) & \cdots & R(0) \\ R(m+1) & R(m) & \cdots & R(1) \end{vmatrix}\right\}$$

$$=0$$

これより式(15.14)を得る．

§16　回帰分析

統計生物学者F・ゴルトンが，父親群の身長平均と子供群の身長との相関を調べたとき，身長が遺伝によって次第に平均身長に回帰してゆくという性質を発見したと考えて命名したことに由来するのが**回帰線**である[1]．測定データを (x, y) の2次元にプロットするが，x は誤差を含まない変数，y は測定によって得られた誤差を含む変数として最小2乗法を用いる．x 軸を等間隔にとる場合には，一定時間間隔で測定値が記録装置に送られてくると考えて，時系列データと呼ぶ．最小2乗法で直線を当てはめる場合には，点と直線との y 値の差の2乗和が最小となるように直線を決定する（**図16.1**）．この直線を回帰直線と呼ぶ．**回帰線**という用語は誤解を与えやすいことに注意．

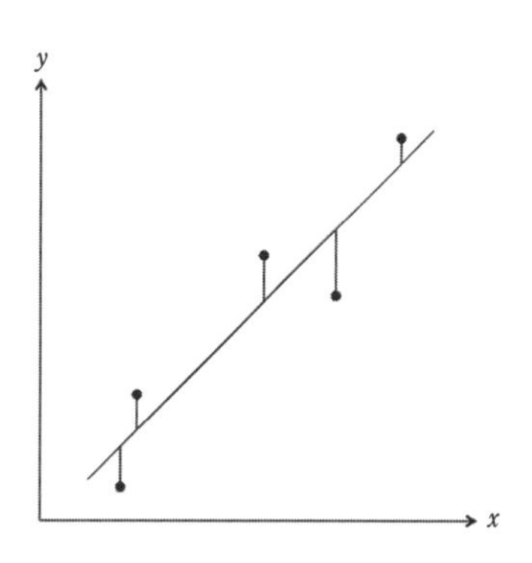

図16.1　(x, y) のデータ点に対する回帰直線．横軸は不等間隔．点と直線との y 軸方向の差の2乗和が最小になるように直線を引く．

このような直線から大きく外れる点を**外れ値**（outliers）[2]と呼ぶ．外れ値をどう扱うべきかについては §11で説明した．

5個の等間隔な測定データ $(m,\ y_m)$ が得られたとき $(m = -2,\ -1, 0, 1, 2)$，直線

$$y = Am + B \tag{16.1}$$

によってこの測定データを近似するとして，A, B を与える式を求めてみる[3]．残差

$$y_m - (Am - B) \tag{16.2}$$

の2乗和

$$F(A,B)=\sum_{m}\{y_m-(Am+B)\}^2 \tag{16.3}$$

を最小にするように係数 A, B を決める．これを最小2乗法という．A, B の関数 $F(A, B)$ を最小にするためには，

$$\frac{\partial F(A,B)}{\partial A}=\frac{\partial F(A,B)}{\partial B}=0 \tag{16.4}$$

となることが必要である．$\frac{\partial F}{\partial A}=0$ より，

$$A\sum_{m=-2}^{2}m^2+B\sum_{m=-2}^{2}m=\sum_{m=-2}^{2}my_m \tag{16.5}$$

$\frac{\partial F}{\partial B}=0$ より，

$$A\sum_{m=-2}^{2}m+B\sum_{m=-2}^{2}1=\sum_{m=-2}^{2}y_m \tag{16.6}$$

したがって，

$$A=\frac{\sum_{m=-2}^{2}my_m}{\sum_{m=-2}^{2}m^2},\ B=\frac{\sum_{m=-2}^{2}y_m}{\sum_{m=-2}^{2}1}=\overline{y} \tag{16.7}$$

を得る．式(16.7)は横軸が等間隔であることに注意する．

X_1, X_2, …, X_ϕ を，独立な標準正規分布 $N(\mu=0, \sigma^2=1)$ にしたがう確率変数とするとき，その2乗和，

$$\chi^2={X_1}^2+{X_2}^2+\cdots+{X_\phi}^2 \tag{16.8}$$

は，自由度 ϕ の χ^2 分布（χ 平方分布）になる[4]．これを具体的に記述すれば，横軸を χ^2 の数値とし，縦軸にその密度関数 $f_\phi(\chi^2)$ をプロットすれば，ϕ が大きくなると，ピーク位置が $\chi^2=\phi$，ピークの広さ，すなわち ± 標準偏差が $\pm\sqrt{2\phi}$ であるような正規分布曲線に近づく．すなわち，

$$E(\chi^2)=\phi,\quad V(\chi^2)=2\phi \tag{16.9}$$

となる．図16.1に示した残差を2乗して和をとれば，式(16.8)のとおり χ^2 と

なるから，測定スペクトルをピーク分離したときに，測定値と合成スペクトルの一致度を「χ^2」と表示するプログラムもある．

X 線のカウント数 y のように，y の大小に応じて誤差 $\pm\sigma$ が変化する場合 ($\sigma=\sqrt{y}$) には，残差を規格化して扱う必要がある．

式 (16.7) は等間隔データに対する式であるが，Excel では不等間隔データに対しても回帰直線を与える．等間隔であってもデータの重みは必ずしも等しくないし (縦軸の大きさに応じて標準偏差が変化する場合)，不当間隔のデータでは，希薄な点の重みを重視しすぎないような注意が必要である．

参考文献

[1] 林　周二：『統計学講義』第 2 版，丸善 (1973) pp.41-45.

[2] マルコム・グラッドウェル：『天才！成功する人々の法則』勝間和代 訳，講談社 (2009)；Malcolm Gladwell："Outliers",「一万時間の法則」(どの分野でも一万時間継続して集中すれば一流になることができる) などで有名な本.

[3] 合志陽一 編著：『化学計測学』，昭晃堂 (1997)，第 7 章「データ処理」.

[4] 林　周二：『統計学講義』第 2 版，丸善 (1973) 第 15 章によると，確率密度関数は，

$$f_\phi(\chi^2)=\frac{(\chi^2)^{\frac{\phi}{2}-1}e^{-\frac{\chi^2}{2}}}{2^{\frac{\phi}{2}}\Gamma\left(\frac{\phi}{2}\right)},$$

ここで Γ はガンマ関数である．$f_\phi(\chi^2)$ をプロットすると**図 16.2** となる．

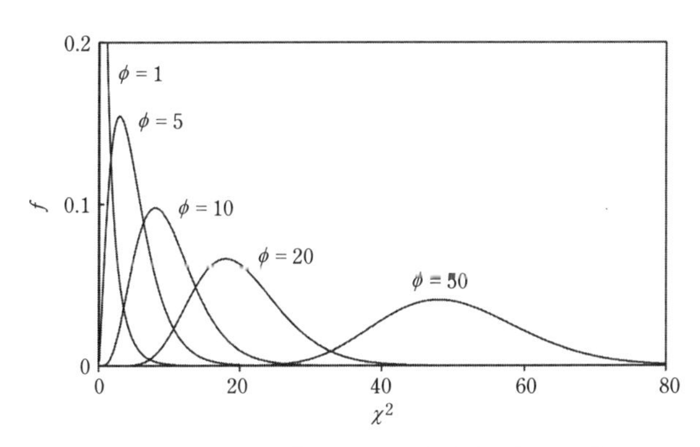

図 16.2　χ 平方分布 (χ^2 分布) の確率密度関数 f のグラフ.

§17　正規乱数を用いた模擬実験データ

図 17.1 は全 256 チャネルのデータで，100 カウントのバックグラウンドの上に，ピーク位置が 100 チャネルと 128 チャネルに，ピーク強度がそれぞれ 200 カウントと 100 カウントの 2 つのピークがある模擬データである．それぞれの半値幅 (FWHM) は 25 チャネルとした．ピーク形状は，$\dfrac{1}{1+x^2}$ に相似な図形であって，これをローレンツ曲線 (Lorentzian) と呼び，調和振動子が摩擦によって静止するまでの周波数分布を表す．

微分方程式

$$\frac{d^2x(t)}{dt^2}+\gamma\frac{dx(t)}{dt}+\omega_0 x(t)=0 \tag{17.1}$$

の解は，三角関数で振動しながら，振幅が時間経過とともに指数関数的に減衰する振動であって，電磁波の輻射抵抗や摩擦のある台上のばねにつながれた質点の振動を表す（§25 グリーン関数参照）．γ は速度に比例した摩擦力を意味するが，摩擦力を速度のべきで展開した 1 次の項とみなすことも可能である [1]．

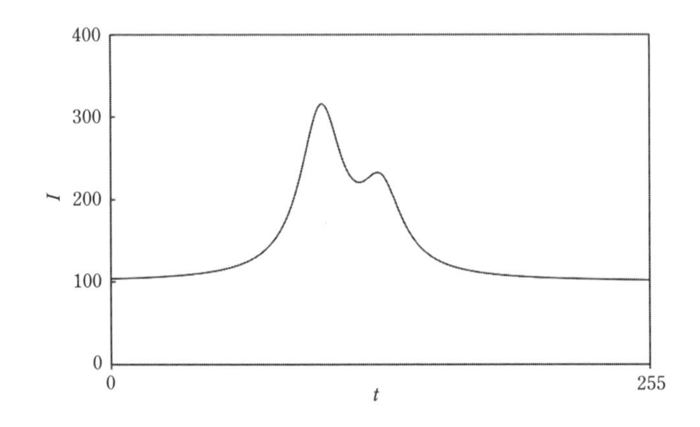

図 17.1　2 個のローレンツ曲線の和のスペクトル．

この時間領域の減衰振動をフーリエ変換すると，ローレンツ関数（Lorentzian），

$$X(\omega)=\frac{\omega_0}{(\omega-\omega_0)^2+\dfrac{\gamma^2}{4}} \tag{17.2}$$

となる．この式のピーク高さは$\dfrac{4\omega_0}{\gamma^2}$，半値幅（FWHM）は$\gamma$となる．このスペクトルの各点の強度$N$に対して$\sigma=\sqrt{N}$の正規乱数を掛けてノイズのあるデータとしたものが**図 17.2** である．ノイズが$\sqrt{N}$となる測定データは，X 線計測，放射線計測などのデータに多い．

ローレンツ関数は，統計学ではコーシー（Cauchy）分布[2]と呼ぶ．コーシー分布の 2 次モーメントは無限大となる．コーシー分布を扱う場合には，積分範囲が$(0, \infty)$か$(-\infty, \infty)$であるかに注意する．

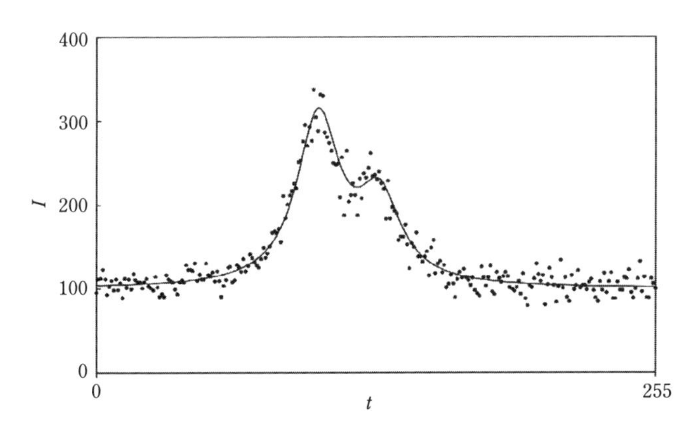

図 17.2　強度Nに対して$\sigma=\sqrt{N}$の正規乱数をノイズとして重畳させたスペクトル．

参考文献

［1］河合　潤：『熱・物質移動の基礎』，丸善（2005）第 7 章．

［2］岩沢宏和：『リスクを知るための確率・統計入門』，東京図書（2012）pp.88, 111, 149.

§18　Savitzky-Golay スムージング係数の導出方法

§16では不等間隔データに対して，y 値と直線との差の 2 乗和が最小となるような直線の決定方法を説明した．本節では，等間隔測定された時系列データについて，最小 2 乗法による多項式へのデータのあてはめを考える．5 個の等間隔の測定データ (m, x_m) が得られたとき，2 次式 $x = Am^2 + Bm + C$ に対して残差 2 乗和

$$F(A,B,C) = \sum_{m=-2}^{2} \{(x_m - (Am^2 + Bm + C)\}^2 \tag{18.1}$$

を最小にするように係数を決定することで測定データを多項式に当てはめることができる．

残差 2 乗和 $F(A, B)$ が最小になるとき

$$\frac{\partial F(A,B,C)}{\partial A} = \frac{\partial F(A,B,C)}{\partial B} = \frac{\partial F(A,B,C)}{\partial C} = 0 \tag{18.2}$$

であり，

$$\sum_{m=-2}^{2} (m^4 A + m^3 B + m^2 C - m^2 x_m) = 0 \tag{18.3a}$$

$$\sum_{m=-2}^{2} (m^3 A + m^2 B + mC - mx_m) = 0 \tag{18.3b}$$

$$\sum_{m=-2}^{2} (m^2 A + mB + C - x_m) = 0 \tag{18.3c}$$

となる．これらの連立方程式を解くことで

$$C = \frac{-3x_{-2} + 12x_{-1} + 17x_0 + 12x_1 - 3x_2}{35} \tag{18.4}$$

を得る．よって加重移動平均を

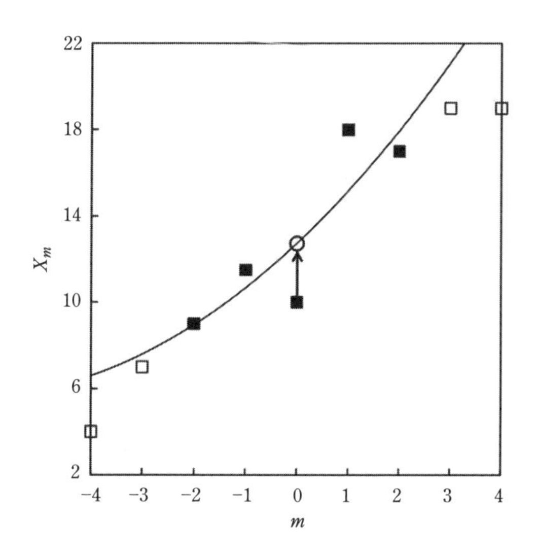

図 18.1　Savitzky-Golay 法によるスムージング (2 次 5 点).

$$\bar{x}_m = \frac{-3x_{m-2} + 12x_{m-1} + 17x_m + 12x_{m+1} - 3x_{m+2}}{35} \tag{18.5}$$

と表して，データを平滑化することができる．**図 18.1** は標本点を 5 点としたときの 2 次のサビツキー・ゴーレイ法によるスムージングの様子を表したものである．測定点 (□) のうち，$m = -2, -1, 0, 1, 2$ の 5 点 (■) を標本点として式 (18.5) を用いて $m = 0$ の点が $\bar{x}_m$ (○) に平均化される．標本点の位置を右にひとつずつずらしていくことで，測定データを平滑化することができる．

パーキン・エルマー社の Savitzky と Golay は，1964 年に赤外吸収スペクトルを平滑化するため，標本点への加重係数の組を求め，時系列データの取り扱いを容易にした[1]．標本点数が $2n+1$ 点 ($n = 1 \sim 12$) の場合の係数を表 18.1 に示す．多項式が 2 次式の場合について係数を示したが，高次式に対しても同様の計算を行うことで加重係数を決定することができる．3 次式の場合，A，C は 2 次式と同じ，B が違う．結果的に**表 18.1** は 2 次でも 3 次でも同じ係数となる．

Savitzky-Golay 法では，通常は 2 次 (3 次) の係数だけを用いる．

Proctor と Sherwood[2] によると，Savitzky-Golay 法を用いたスムージング

表 18.1　Savitzky-Golay スムージングの係数表.

m	5点	7点	9点	11点	13点	15点	17点	19点	21点	23点	25点
-12											-253
-11										-42	-138
-10									-171	-21	-33
-9								-136	-76	-2	62
-8							-21	-51	9	15	147
-7						-78	-6	24	84	30	222
-6					-11	-13	7	89	149	43	287
-5				-36	0	42	18	144	204	54	342
-4			-21	9	9	87	27	189	249	63	387
-3		-2	14	44	16	122	34	224	287	70	422
-2	-3	3	39	69	21	147	39	249	309	75	447
-1	12	6	54	84	24	162	42	264	324	78	462
0	17	7	59	89	25	167	43	269	329	79	467
1	12	6	54	84	24	162	42	264	324	78	462
2	-3	3	39	69	21	147	39	249	309	75	447
3		-2	14	44	16	122	34	224	287	70	422
4			-21	9	9	87	27	189	249	63	387
5				-36	0	42	18	144	204	54	342
6					-11	-13	7	89	149	43	287
7						-78	-6	24	84	30	222
8							-21	-51	9	15	147
9								-136	-76	-2	62
10									-171	-21	-33
11										-42	-138
12											-253

では,

(i) 半値全幅以内に N 点ある場合, 0.7 N 点以下のスムージング点を選ぶ.

(ii) できるだけ少ない点数のスムージング (5点) を回数を多く行う (たとえば 200回).

(iii) $2m+1$ 点のスムージングをした後に $2n+1$ 点スムージングを行うことは, $2(m+n)+1$ 点のスムージングとほぼ等価な効果がある.

(iv) ピーク分離などを行う場合には, スムージングを行ったデータに対して (ガウス・ローレンツ関数などで) ピーク分離すると χ^2 を小さく抑えることができる.

などの経験的な規則に従えば, ノイズを多く含むデータからも, 複数の成分を抽出して定量分析を行うことが可能である.

参考文献

［1］ A. Savitzky, M. J. E. Golay: Smoothing and Differentiation of Data by Simplified Least Square Procedures, *Analytical Chemistry*, **36** (8), 1627-1639 (1964). 文献では 25 点と 23 点にミスプリントがある.

［2］ A. Proctor, P. M. A. Sherwood: Smoothing of Digital X-Ray Photoelectron Spectra by an Extended Sliding Least-Square Approach, *Analyitical Chemistry*, **52** (14), 2315-2321 (1980); 訂 正, *Analytical Chemistry*, **53** (9), 1552 (1981). 端 点 は Savitzky-Golay 係数では何度スムージングしても元のノイズのままであるが, end-point に Savitzky-Golay 法を忠実に適用するための方法も述べている. Sherwood は X 線光電子分光法の Sherwood 関数で有名.

［3］ J. Steinier, Y. Termonia, J. Deltour: Comments on Smoothing and Differentiation of Data by Simplified Least Square Procedure, *Analyitical Chemistry*, **44** (11), 1906-1909 (1972). Savitzky と Golay の論文[1]のミスプリを指摘した正しい数値を示した論文.

§19 Savitzky-Golay スムージングの実例

図 17.2 に示したノイズを重畳したローレンツ関数のデータに対して表 18.1 の係数を用いて 2 次 5 点スムージングを 1 回，10 回，100 回，25 点スムージングを 1 回施したスペクトルを**図 19.1～4** に示す．実線はノイズのない元ス

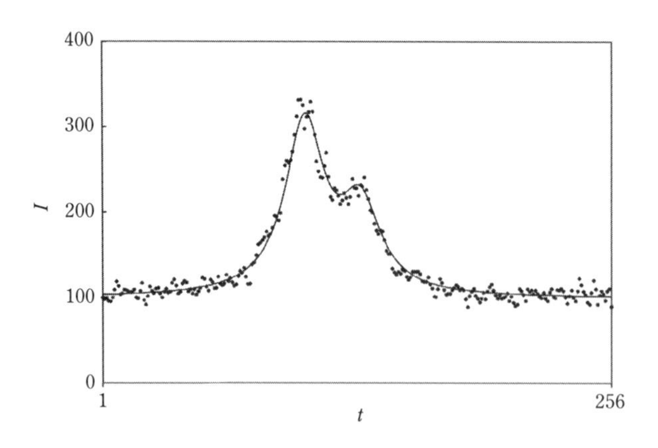

図 19.1　5 点スムージング 1 回.

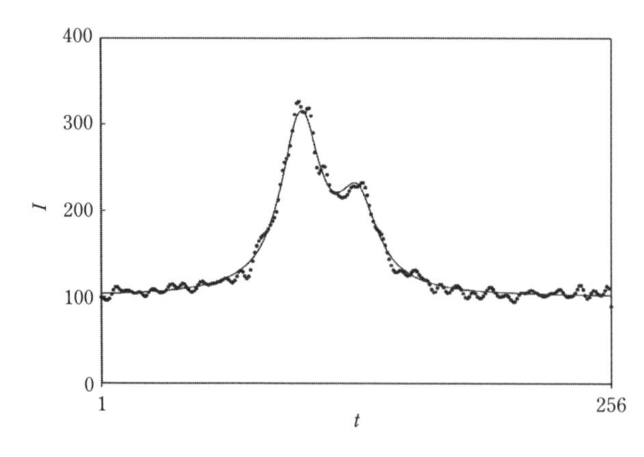

図 19.2　5 点スムージング 10 回.

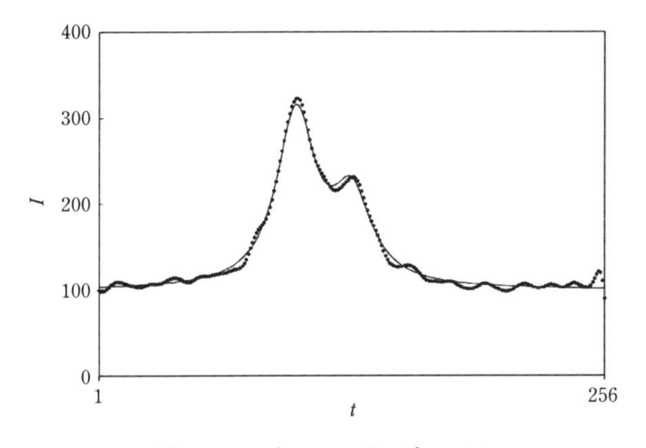

図 19.3 5 点スムージング 100 回.

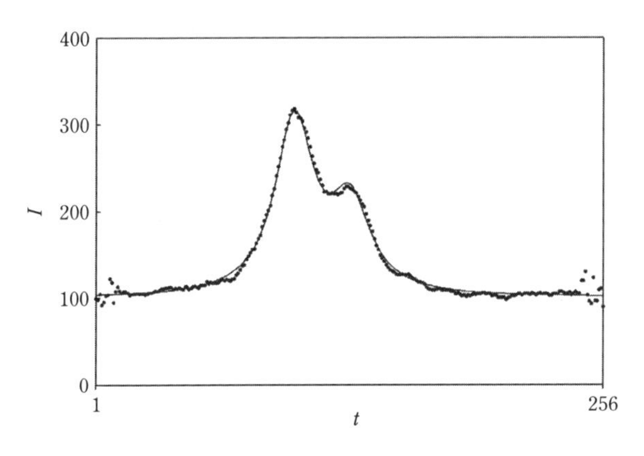

図 19.4 25 点スムージング 1 回.

ペクトル，ドットで示したものがスムージングを行った後のデータである．5 点スムージング 100 回と 25 点スムージング 1 回にはほぼ同等の効果があることがわかるが，滑らかさが異なっている．また，図 19.3 のように 100 チャネル付近に偽のショルダーがあらわれている．さまざまな条件でスムージングを行い，偽のピークや歪みが起こらないような適切なスムージング条件を調べておくことが重要である．

§ 20　フーリエ変換の基礎

フーリエ変換[1]を説明するために，まず原子軌道と分子軌道の関係について説明する．

分子軌道 (molecular orbital) を原子軌道の線型結合 (linear combination of atomic orbitals) であらわす近似を LCAO-MO 法と呼んでいる[2]．たとえば原子 A と原子 B からなる 2 原子分子の分子軌道 ϕ を，LCAO-MO 近似では，

$$\phi = C_{\mathrm{A}} \left| A \right\rangle + C_{\mathrm{B}} \left| B \right\rangle \tag{20.1}$$

と表す．ここで$\left| A \right\rangle$, $\left| B \right\rangle$は，それぞれ，原子 A と B の原子軌道関数を意味し，C_{A}, C_{B} を分子軌道係数と呼ぶ．原子軌道関数は χ_{A}，χ_{B} と表すことが多い．$\left| A \right\rangle$, $\left| B \right\rangle$はベクトルの記号である．ベクトル$\left| A \right\rangle$と$\left| B \right\rangle$の内積を，

$$\left\langle A \middle| B \right\rangle = \int \chi_{\mathrm{A}}(x,y,z)^{*} \cdot \chi_{\mathrm{B}}(x,y,z) dxdydz \tag{20.2}$$

と積分で表すこともできる．星印は縦ベクトル$\left| A \right\rangle$に対する横ベクトル$\left\langle A \right|$を意味しており，関数なら複素共役を意味する．$\left| A \right\rangle$という記号はディラックのブラ・ケットのベクトル記号で，原子 A の波動関数を基底ベクトルと見ようという意図がある．

分子軌道 ϕ に占める χ_{A} 成分の大きさ，すなわち C_{A} の大きさを知りたいとき，

$$C_{\mathrm{A}} = \int \overline{\phi(x,y,z)} \chi(x,y,z) dxdydz \tag{20.3}$$

を計算すればよい (上付きの棒は複素共役)．ベクトルの内積で表す方がわかりやすくて，

$$C_{\mathrm{A}} = \left\langle \phi \middle| A \right\rangle \tag{20.4}$$

となる．高校で習うベクトル表記法を使うなら $(\phi, \chi_{\mathrm{A}})$ である．ただしここで

注意しておかなければならないのは，2 つの原子の原子軌道は，単位ベクトルではあるが，ベクトルとしては直交せず，斜めに交差するので，ベクトルの内積 $\langle A|B\rangle = S \neq 0$ となることである．イオン結晶の場合には $S = 0.1$ くらいだからほぼ直交していると近似して単純化すれば，ベクトルの内積によって，価電子バンドの，ある原子のある軌道成分の寄与を内積によって知ることができることになる．

このように，積分 $\int \overline{\phi(x,y,z)}\chi(x,y,z)dxdydz$ とベクトルの内積 $\langle \phi|\chi\rangle$ とが同じ意味を持っていることを理解しておくことは重要である．これは大学教養の代数学の講義やフーリエ解析などで習うはずである．

以上の議論では，積分範囲を明示しなかったが，以下のフーリエ変換では積分区間は有限とする．

ところでフーリエ級数展開は，

$$\boxed{f(x) = \frac{a_0}{2} + \sum_{n=1}^{\infty}\left(a_n \cos\frac{n\pi x}{l} + b_n \sin\frac{n\pi x}{l}\right)} \tag{20.5}$$

と表されるが，上のベクトルの内積の記号を使えば，

$$a_n = \left\langle f(x) \middle| \cos\frac{n\pi x}{l}\right\rangle,\quad b_n = \left\langle f(x) \middle| \sin\frac{n\pi x}{l}\right\rangle \tag{20.6}$$

となる．$\frac{a_0}{2}$は直流成分である．式 (20.6) は分子軌道から各原子軌道の寄与を意味する分子軌道係数を抜き出すときの内積と同じ式である．フーリエ展開の良いところは，基底ベクトルの $\left|\cos\frac{n\pi x}{l}\right\rangle$ や $\left|\sin\frac{n\pi x}{l}\right\rangle$ がすべて直交しているところである．長さも 1 なので，規格直交基底となる．原子軌道は中心が一致しないと直行しないので，重なり積分 $S \neq 0$ となって式はやや複雑になる．それを避けるために，固体の電子状態計算では，すべての原子軌道を 1 つの中心から広がる球面波として展開したり，sin と cos で展開する方法もある．フーリエ係数を

$$a_n = \frac{1}{l}\int_{-l}^{l} f(x)\cos\frac{n\pi x}{l}dx,\quad b_n = \frac{1}{l}\int_{-l}^{l} f(x)\sin\frac{n\pi x}{l}dx \tag{20.7}$$

のような積分変換とは考えず，式 (20.6) のようなベクトルの内積をイメージすれば，式も単純で幾何学的に理解しやすい．すなわち，sin や cos で振動する正弦・余弦関数を基底ベクトルと考えれば，任意の函数 $f(x)$ と基底ベクトル

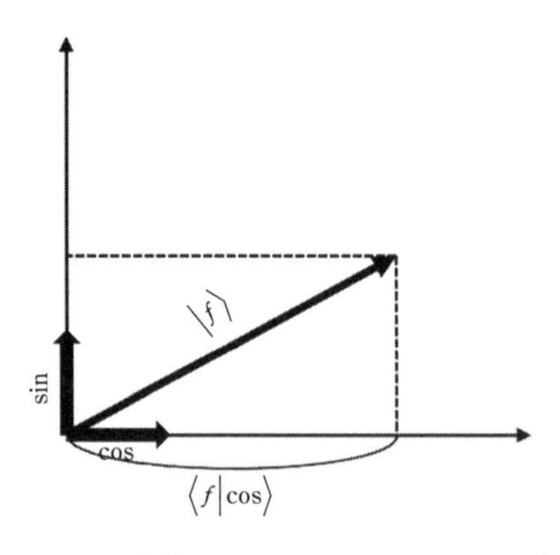

図 20.1　ベクトル$|f\rangle$のコサイン軸への射影の長さ$\langle f|\cos\rangle$.

の内積$\langle f(x)|\sin\rangle$は，$f(x)$の sin ベクトルへの射影（**図 20.1**），すなわち，ベクトル$|f\rangle$を sin 軸へ投影した影の長さだと説明できる．これがフーリエ変換である．この考え方は，フーリエ変換分光や種々の機器分析装置での分光・信号処理あるいは分子軌道計算に慣れている材料研究者には馴染みのものである．

フーリエはなぜ三角関数での展開を思いついたのか？ これには 2 つの理由がある．(i) フーリエはラプラスの確率論の講義を聞いていた[3]．ラプラスは母関数として「特性関数」を用いていた．特性関数はフーリエ変換そのものである．(ii) 三輪[4]によると，フーリエは「大砲の砲身と熱についての関心から，円筒・チューブ・球・円環など，種々の形状の物体内での熱の伝わり方を理論的に研究し，熱伝導の微分方程式を立ててこれを解いた．フーリエ級数は，円環の 1 点を加熱したときの円環の温度分布を求める際に考案された．温度分布は円環の一巡ごとに同じ値をとるはずだから，『試し解』として三角関数の級数を用いたのである.」

拡散方程式や熱伝導方程式は時間 t と位置 x を変数とする偏微分方程式である．たとえば，

$$\frac{\partial T(x,t)}{\partial t} = \alpha \frac{\partial^2 T(x,t)}{\partial x^2} \tag{20.8}$$

は 1 次元の熱伝導を表す．t と x に変数分離すれば，解は指数関数と三角関数

の積の和になる．指数関数は t の関数，三角関数は x の関数である．

同じ拡散方程式を，ラプラス変換によって解くと[5]，誤差関数 $\mathrm{erf}\,(x, t)$ の級数になり，$\dfrac{x}{\sqrt{at}}$ を含み x と t とは分離しない．フーリエ変換を使っても，ラプラス変換を使っても，数学上は，無限和を計算しなければ正しい答は得られない．しかし，拡散現象は濃度や温度の平均化であるから，鋭くとがった高濃度部分や狭い高温域があっても，すぐに周りに平均化され，鈍ってしまう．つまり高周波成分，すなわち大きな n の成分はすぐに減衰する．拡散方程式を変数分離法で解いても，ラプラス変換法で解いても，最初の数項，せいぜい第3項くらいまでの計算で十分な精度が得られるのはこのためである．

言い換えれば，三角関数であっても誤差関数であっても，ともに基底関数として優れていて直感が働きやすいことを意味している．

固体のバンド計算[6]を行う場合，原子の位置では急激にポテンシャルが変化するが，原子と原子の中間地点ではポテンシャルはほとんど変化しない．伝導電子の波動関数を三角関数で展開しようとすると高周波成分が必要になる．原子核へと落ち込んでゆくポテンシャルによって振動する波動関数を表現するためには，極めて高い周波数成分が必要となる．伝導電子の波動関数は原子核の位置では極めて激しく振動しているが，そこを通り過ぎると低周波の三角関数となる．原子核の大きさは大雑把に電子の古典半径 $\dfrac{e^2}{mc^2} = 2.818 \times 10^{-15}$ m に比べて3桁小さい（この式では $e = 4.80 \times 10^{-10}$ esu であることに注意）．電子の古典半径は，電子の質量が持つエネルギー mc^2 が静電エネルギー $\dfrac{e^2}{r}$ に等しいとしたときの r であり，質量エネルギーと静電エネルギーが交互に入れ替わっていると仮定していることを意味している．三角関数でバンドの電子状態を展開しようとすると，原子核のポテンシャルを鈍らせるために Muffin-Tin ポテンシャルという，たこ焼き器のようなポテンシャルを近似として使う．一方，拡散や伝熱は平均化であるから[5]，低周波成分だけで良く合うし，直感も働かせやすい．

まとめると，(i) ベクトルの内積 $\boldsymbol{f} \cdot \boldsymbol{g}$ と関数の積分 $\int (fg)$ は類似している．どちらもディラックのブラケットで $\langle f | g \rangle$ と書いて同一視すると直感的に理解しやすい．(ii) 関数 f をフーリエ展開したときの係数は f と sin などの基底ベクトルとの内積，すなわち $\langle f | \sin \rangle$ や $\langle f | \cos \rangle$ である．言い換えれば f から sin

成分やcos成分を抽出する手法がフーリエ変換である．(iii) 拡散現象は平均化なので，高周波成分は時間の経過とともに急激に減衰し，最初の数項で十分な計算精度が得られる．(iv) 分子軌道係数を求める計算も内積である．(v) ラプラス変換は拡散方程式の解を誤差関数で展開する手法であり，フーリエ変換は三角関数で展開する手法である．

参考文献

［1］小出昭一郎：『物理現象のフーリエ解析』，ちくま学芸文庫 (2018)．

［2］河合　潤：『量子分光化学』改訂増補版，アグネ技術センター (2008, 2015)．

［3］西村重人：フーリエの生涯と熱伝導の研究，数理解析研究所講究録，第1583巻，220-231 (2008)．http://repository.kulib.kyoto-u.ac.jp/dspace/bitstream/2433/81465/1/1583-17.pdf によると，1795年に開校した高等師範学校（エコールノルマル）に生徒として入学したのがフーリエ (1768～1830) である．

ラプラス (1749～1827) はそこでラプラス変換やフーリエ変換に相当する式を，積分表示ではなく漸化式として講義していた．

西村によれば，フーリエは入学後すぐにコレージュ・ド・フランスやのちのエコール・ポリテクニク（諸工芸学校）で教えはじめたというから，先生（ラプラス）と生徒（フーリエ）の学力差はほとんどなかったと言ってよいだろう．フーリエは1798年にナポレオンのエジプト遠征に科学顧問として同行し，1801年までエジプトに滞在した後，諸工芸学校に戻ったが，すぐにイゼール県知事としてグルノーブル市に赴任した．グルノーブルは今では，有名な中性子研究施設やシンクロトロン放射光施設がある落ち着いた地方都市である．グルノーブルに移るとフーリエはすぐに熱伝導の研究を始め，1807年にはその論文をフランス学士院へ提出した．この論文を審査した4人のうちの1人がラプラスであった．一説によるとフーリエはこの論文を自から取り下げたともいわれているが，詳細は不明である．フーリエの1807年の論文は数学的に問題があるとして，「熱の伝播法則の数学的理論を与え，その理論の帰結を精密な実験と比較せよ」という懸賞問題が1811年に出題された．フーリエがこの問題に対する長大な論文を提出したのが同年9月であったことからすると，この論文は1807年に提出後，改訂を続けていたものであろう．1812年1月には賞を得るが，『熱の解析的理論』が出版されたのが1822年で，受賞から10年もかかったのは，ラプラスの評価が低かったことも理由であるとされている．

ラプラスの『確率の解析的理論』[7] とフーリエの『熱の解析的理論』[8] とを読み比べれば，両者には大きなギャップがあることがわかる．

ドイツのオームが「オームの法則」(1826年)を発見したのは，フーリエの『熱の解析的理論』(1822年)にヒントを得たからだと言われている[4].

［4］三輪修三：『工学の歴史，機械工学を中心に』，ちくま学芸文庫 (2012)，p.141.

［5］河合　潤：『熱および物質移動の基礎』，丸善 (2005).

［6］河合　潤，田中亮平，弓削是貴，今宿　晋：鉄酸化物の共有結合性・溶解度・還元性の電子状態計算に基づく解釈，金属，**85** (10)，831-838 (2015).［85巻，10号，49-56ページ］

［7］P. S. Laplace：“Théorie analytique des probabilities” (1812, 1820). 無料のKindle版も何種かあるが，現時点では多くのKindle版は数式には無力のようである．伊藤清，樋口順四郎訳・解説：『ラプラス確率論―確率の解析的理論』，共立出版 (1986). この和訳には100ページ以上あるIntroductionは含まれていない．Introductionは内井惣七訳『確率の哲学的試論』，岩波文庫 (1997) および『世界の名著』No.65,『現代の科学I』湯川秀樹，井上　健 編集，中央公論社 (1973) がある．「Laplaceの著書には専門的な，数学的なものと，数式をまったく含まない啓蒙的なものとが一対になっているという特徴がある.」(伊藤・樋口訳 p.2). Introductionは1795年にÉcole Normalでラプラスが行った講義を発展させたものだということなのでフーリエも学生として聞いたはずの内容である.

［8］Jean Baptiste Joseph Fourier: “Théorie Analytique de la Chaleur” (1922); 英訳は“The Analytical Theory of Heat”, Alexander Freeman 訳 (1878)，Cambridge Library Collection (2009). 復刻版は出版社によってはスキャン画質が悪いものもあるが，Cambridge Library Collectionの画質は良い．和訳フーリエ『熱の解析的理論』も異なる訳者のものが出ている.

§21 模擬実験データのフーリエ変換

時系列データ $x(t)$ の解析にはフーリエ変換が用いられる．時々刻々変化する時系列測定データ $x(t)$ に含まれるさまざまな周波数成分のすべてについて，何 Hz の周波数成分がどの程度の割合でその時系列データに含まれているのかを明らかにできるからである．

図 17.2 に示したノイズを重畳したローレンツ関数のデータに対してフーリエ変換を行い，その周波数分布を得ることを考える．**図 21.1** はノイズのないローレンツ関数 (図 17.1) をフーリエ変換したもの，**図 21.2** はノイズを重畳し

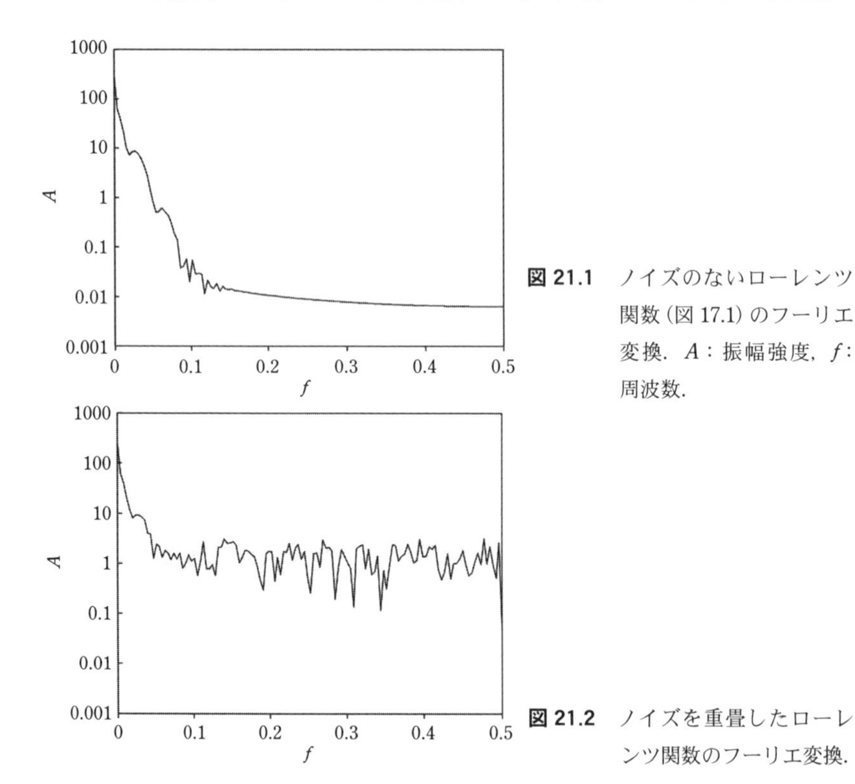

図 21.1 ノイズのないローレンツ関数 (図 17.1) のフーリエ変換．A：振幅強度，f：周波数．

図 21.2 ノイズを重畳したローレンツ関数のフーリエ変換．

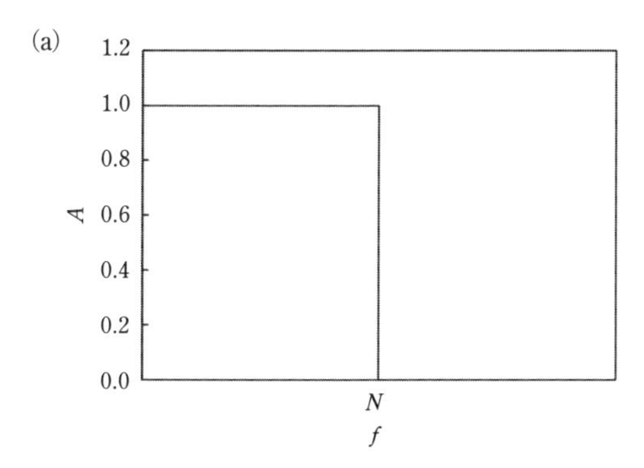

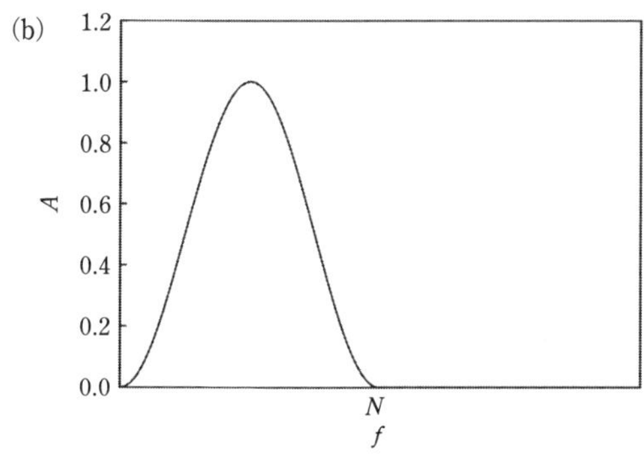

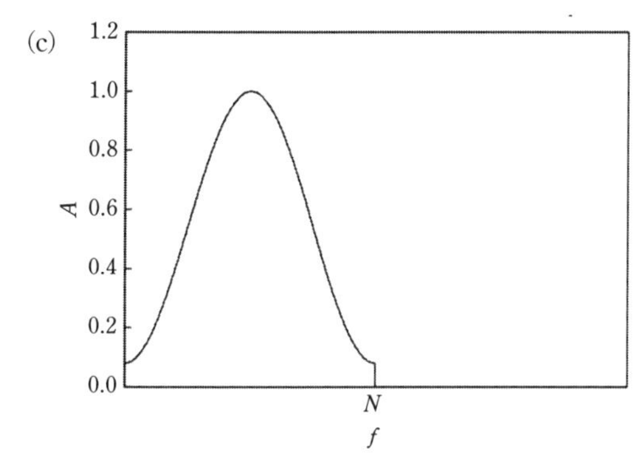

図 21.3　窓関数の例．(a) 矩形窓，(b) ハン窓，(c) ハミング窓．A: 振幅強度，f: 周波数．

たローレンツ関数（図 17.2）をフーリエ変換したものである．ノイズを含んだデータのフーリエ変換では，高周波成分の強度（~1）がノイズのない場合のもの（~0.01）に比べて強く，減衰しないことがわかる．

ノイズは時間領域においては，ノイズのないスペクトルに多数の δ 関数を足したり引いたりしたものであると考えることができる．δ 関数のフーリエ変換は図 25.6 に示すようにすべての周波数を等しく含む一定値関数であるから，低周波成分も高周波成分も等しく含むものとなっている．

次に，図 21.2 の周波数分布に窓関数（**図 21.3**）をかけ，ノイズ成分に相当する高周波成分を取り除く．窓関数をかけたあとの周波数分布を逆フーリエ変換することで**図 21.4** に示すノイズの少ないデータが得られる．高周波成分を除去するために用いた窓関数のことを低域通過フィルタ（ローパスフィルタ）と呼び，矩形窓，ハン窓，ハミング窓などさまざまな形の窓関数が用いられる．窓関数に応じて逆変換後のスペクトルの形が変化することに注意して，適切な窓関数を用いる必要がある．

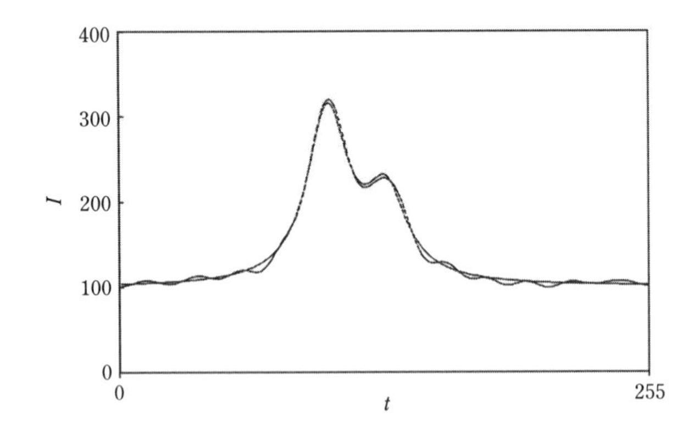

図 21.4　ノイズのないローレンツ関数（実線）とノイズデータの高周波成分を矩形窓により除去した周波数分布を逆フーリエ変換したもの（破線）．

§22　伝達関数

§21においてノイズを含む測定データのフーリエ変換を行いデータの平滑化を行った．その際，適当な窓関数を周波数分布に作用させることで高周波成分を取り除いた．§18のSavitzky-Golay法によるスムージングについて，どのような窓関数が作用しているのかを考える．式(18.1)に $x_n = \exp(i\omega t)$ を入力することで得られる出力を計算すると，

$$\bar{x}_n = \frac{-3e^{i\omega(t-2)} + 12e^{i\omega(t-1)} + 17e^{i\omega t} + 12e^{i\omega(t+1)} - 3e^{i\omega(t+2)}}{35}$$

と表される．入力に対する出力の対数を周波数に対してプロットしたものを伝達関数(transfer function) $H(\omega)$ と呼ぶ．Savitzky-Golayスムージングの伝達関数 $H(\omega)$ は

$$H(\omega) = \frac{\bar{x}_n}{x_n} = \frac{-3e^{-2i\omega} + 12e^{-i\omega} + 17 + 12e^{i\omega} - 3e^{2i\omega}}{35}$$

$$= \frac{17 - 6\cos 2\omega + 24\cos\omega}{35}$$

となる[1]．**図22.1**には，2次5，7，9，11点のSavitzky-Golayスムージングの伝達関数をプロットした．この伝達関数を窓関数と考えると，加重移動平均の伝達関数は，周波数0の成分に対する応答は変化させず，高周波成分を減衰させるローパス・フィルターとして作用することがわかる．測定点 n の測定値 x_n だけではなく，その前後2～5点の測定点の測定値が測定点 n の計測値に影響を及ぼしていることを意味している．近隣の点数の寄与を多く取り入れるほど，低い周波数成分を強調する．

しかし図22.1の11点スムージングを見ると，伝達関数は，$f = 0.2$ と0.4で極小，$f = 0.3$ では極大になることがわかる．低い周波数成分($f = 0.2$)よりも高い周波数成分($f = 0.3$)を強く取り入れているので，単なるローパス・フィル

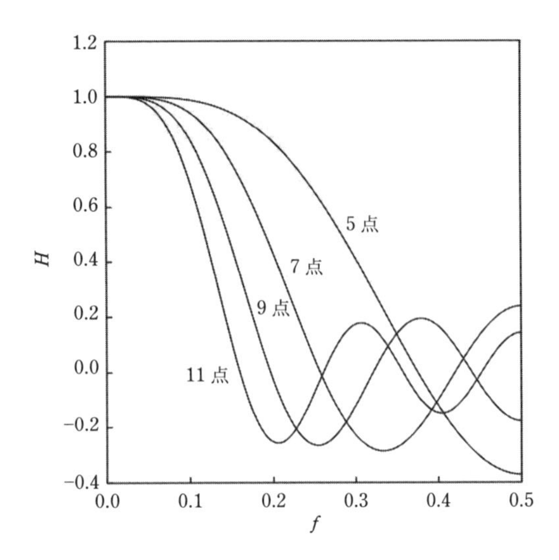

図 22.1　Savitzky-Golay スムージングの伝達関数 H．横軸は周波数 $f=\frac{\omega}{2\pi}$．

ターではないことに注意すべきである．高周波成分も残るので，点数が多い Savitzky-Golay スムージングでもスペクトルの広がりを抑制している．表 18.1 の Savitzky-Golay 係数が正ばかりではなく負の係数が現れていることによるものである．ただし，図 22.1 の縦軸は対数であるから，$f=0.2\sim0.4$ の振動は，線型軸では極めて小さい．

実際の計測では，積算時間を長く取れなかったり，濃度が低く十分な信号強度が得られないなどの制約がある場合に測定したノイズの多いスペクトルに対しても §19 Savitzky-Golay のスムージングや §21 のフーリエ変換によるスムージングを用いることで測定スペクトルから何らかの意味 (physical meaning) を抽出することができる．

参考文献

[1] R. W. Hamming：『ディジタル・フィルタ』，宮川　洋，今井秀樹 訳，科学技術出版社 (1983)．

§23　デコンボリューション

ノイズを取り除いた測定スペクトルはまだ真のスペクトル $x(t)$ ではなく，分光器によるゆがみ $h(t)$ が混ざっている．この $h(t)$ を装置関数という．このとき，実測されるスペクトル $f(t)$ は $x(t)$ と $h(t)$ の畳み込み積分（コンボリューション，convolution）

$$f(t)=\int_{-\infty}^{\infty} x(\xi)h(t-\xi)d\xi \tag{23.1}$$

として観測される．これは，ある波長 t のスペクトル強度 $x(t)$ を観測しようとすると，分光器はその前後の波長 $t-\xi$ の光も重み $h(t-\xi)$ で見ていることを意味している．このことを，$x(t)$ を δ 関数，$h(t)$ をノコギリ波の 1 パルスとして図示したものが**図 23.1** である．§15 の自己相関関数のときと同様，2 つの関数が交差する面積を時間に対しプロットすることでコンボリューションが得られる．また，δ 関数とのコンボリューションは，波形を左右反転させる操作に対応した演算であることがわかる．

コンボリューションを式 (23.1) により直接計算することもできるが，時間領域のコンボリューションは周波数空間での積になることを利用して簡単に計算

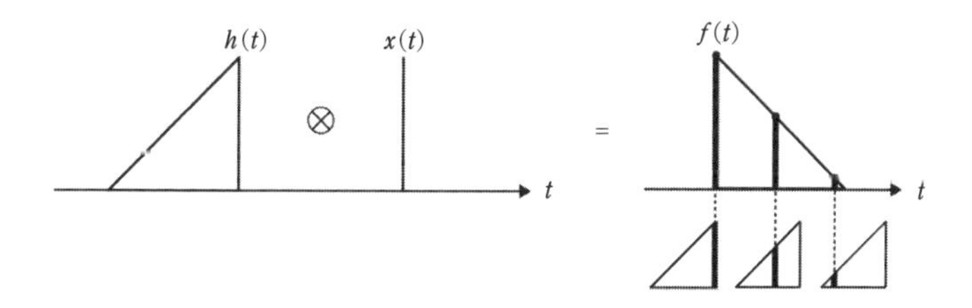

図 23.1　$x(t)$ を δ 関数，装置関数 $h(t)$ をノコギリ波としたときのコンボリューションの様子．⊗はコンボリューションを表す．$f(t)$ は $h(t)$ = ⊿の窓を通して，$x(t)$ = | を見た図形である．

できる．$f(t)$，$x(t)$，$h(t)$ のフーリエ変換を $F(\omega)$，$X(\omega)$，$H(\omega)$ と表すと，$x(t)$ と $h(t)$ のコンボリューションである $f(t)$ のフーリエ変換は，

$$
\begin{aligned}
F(\omega) &= \int_{-\infty}^{\infty}\left[\int_{-\infty}^{\infty} x(\xi)h(t-\xi)d\xi\right]e^{-i\omega t}dt \\
&= \int_{-\infty}^{\infty} x(\xi)d\xi \cdot \int_{-\infty}^{\infty} h(t-\xi)e^{-i\omega t}dt \\
&= \int_{-\infty}^{\infty} x(\xi)d\xi \cdot \int_{-\infty}^{\infty} h(t-\xi)e^{-i\omega(t-\xi)}e^{-i\omega\xi}d(t-\xi) \\
&= \int_{-\infty}^{\infty} x(\xi)e^{-i\omega\xi}d\xi \cdot \int_{-\infty}^{\infty} h(t-\xi)e^{-i\omega(t-\xi)}d(t-\xi) \\
&= X(\omega)\cdot H(\omega) \qquad (23.2)
\end{aligned}
$$

となり，コンボリューションのフーリエ変換は合成するおのおのの関数のフーリエ変換の積であることがわかる．また，目的とする真のスペクトル $x(t)$ を求めるためには，実測スペクトル $f(t)$ のフーリエ変換 $F(\omega)$ を装置関数 $h(t)$ のフーリエ変換 $H(\omega)$ で除した

$$X(\omega) = \frac{F(\omega)}{H(\omega)} \qquad (23.3)$$

を逆フーリエ変換すればよいこともわかる．コンボリューションの形の積分方程式を解くより，割り算の方が計算上簡単な操作ですむ場合が多い．この操作をデコンボリューション (deconvolution)[1, 2] という．コンボリューションとデコンボリューションは互いに逆の操作である．§24 のピーク分離のことを俗にデコンボリューションと呼ぶ場合があるので，論文を読む場合には注意する．

以下では，実測スペクトル $f(t)$ をノイズのない 2 つのローレンツ関数の和 (図 17.1) とし，$h(t)$ をガウス関数として (i) 逆フーリエ変換を用いたデコンボリューションと (ii) 擬デコンボリューションについてその適用結果を例示する．

(i) 逆フーリエ変換

式 (23.3) を用いて，実測スペクトルのフーリエ変換を装置関数のフーリエ変

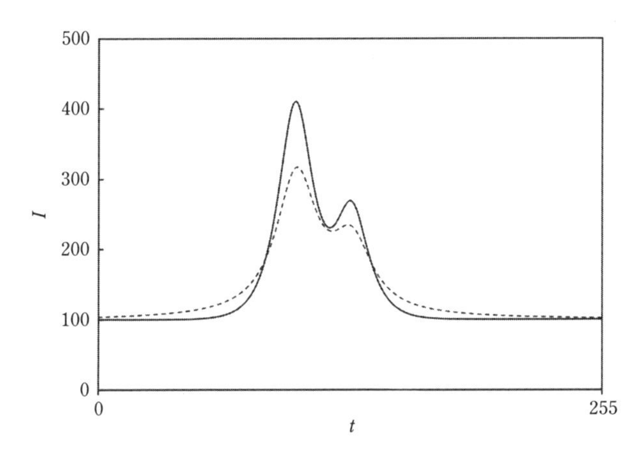

図 23.2 逆フーリエ変換によるデコンボリューション（破線：元スペクトル，実線：デコンボリューションによって高分解能化したスペクトル）．バックグラウンドを除いた部分の面積が保存するようにプロットしている．

換で除したものを逆変換することで，装置関数の影響を実測スペクトルから取り除くことができる．模擬データのローレンツ関数から半値幅（FWHM）が5チャンネルの鋭いガウス関数をデコンボリューションした結果を**図 23.2** に示す．装置関数が狭い方がノイズを増幅しにくい．太い関数を取り除こうとすると，ノイズが増大する．

(ii) 擬デコンボリューション

式 (23.3) を用いるデコンボリューションはノイズの影響を受けやすいので，$f(t)$ がノイズを含んでいる場合には，ノイズが増大する．したがって，フーリエ変換の前に Savitzky-Golay やスプラインによるスムージング（§26）が必須である．一方，フーリエ変換を行わずに時間領域でデコンボリューションを行う方法が 1932 年に提案され，現在でも使われている．この手法を van Cittert の方法[3] または擬デコンボリューション (pseudo deconvolution) という．

実測スペクトルからガウス関数をデコンボリューションしてみる．デコンボリューションしたいガウス関数を敢えてはじめにコンボリューションしてみる．得られたスペクトルは元の実測スペクトルよりも分解能が悪くなるが，そ

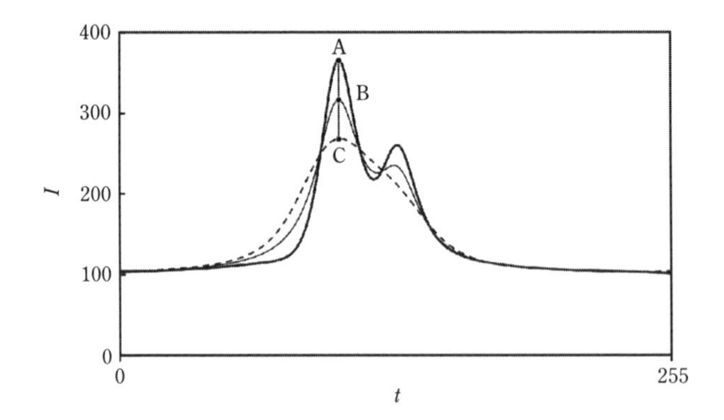

図 23.3 擬デコンボリューション(細実線：元スペクトル，破線：ガウス関数をコンボリューションしたスペクトル，太実線：擬デコンボリューションしたスペクトル)．コンボリューションしたスペクトルと元スペクトルの差分 BC を元スペクトルから差し引き，点 A に修正する．AB = BC.

れは $x(t)$ に $h(t)$ をコンボリューションしたからだとみなすことができる．その差分を実測スペクトルから差し引きし修正することで，より分解能の高いスペクトルを得ることができる．データに対し擬デコンボリューションを 1 回行ったスペクトルを**図 23.3** に示す．時間領域での操作であるため高分解能化の手順がイメージしやすく簡便な方法である．

参考文献

[1] 中條利一郎，合志陽一，前田浩五郎：分光データ処理のための数学的手法，分光研究，**24** (6)，353-375 (1975)．

[2] 南　茂夫：分光測定における情報処理技術，応用物理，**49**，395-406 (1980)．

[3] H. C. Burger, P. H. van Cittert: Wahre und scheinbare Intensitätsverteilung in Spektrallinien, *Zeitshrift für Physik*, **79**, 722-730 (1932)；同-II, **81**, 428-434 (1933).

§24　ピーク分離

図 24.1 は，ステンレス鋼の蛍光X線スペクトルである．各ピークが分離している場合にはピーク分離は必要ないが，5.9 keV のピークは，Cr Kβ と Mn Kα の 2 本の成分からなっている．Mn を定量するためにはピーク分離が必要になる．ステンレス鋼には Fe, Cr, Ni 以外に微量 Mn なども含む．

§17 の模擬データはやや分離した 2 本のピークからなるが，2 成分の寄与を定量的に求めるためには，やはりピーク分離が必要である．人によっては，ピーク分離のことをデコンボリューションと呼ぶ場合もある．本書では，式 (23.1) のコンボリューションの逆演算によって分解能を向上させる数値処理を「デコンボリューション」とよび，ピーク分離とは区別するが，この区別は必ずしも普遍的ではない．

ピーク分離を行う場合の一般的な手順は，

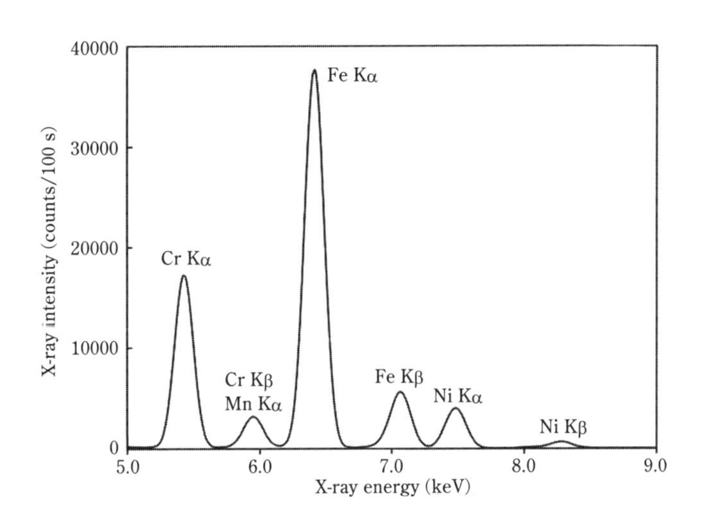

図 24.1　ステンレス鋼の蛍光X線スペクトル．

(1) スムージングを行う.

(2) 直線のバックグラウンドを引く.

(3) ピーク分離する.

となる．スムージングなしでピーク分離を行えば，各ピークの和と，実測スペクトルとの残差 2 乗和 (χ^2) が大きいままとなるため，ピーク分離結果の誤差もばらつく．バックグラウンドとして直線を引くが，その直線も決め難くなる．図 38.2 の S_{BK} がピーク分離の前に引いておくべきバックグラウンドである.

ピーク分離に際しては，以下のような前提を持ち込む場合がある.

(i) 単一ピークは，ガウス-ローレンツ混合関数として，混合比を固定したり，混合比をすべてのピークで同一とする束縛条件の下で変化させる．各ピークの混合比を固定せず最適化する場合もある．ピークの FWHM についても同様であって，拘束する場合もあれば自由に動かす場合もある[1].

(ii) (i) とせず，単一ピークは，個別に単一元素試料を実測したものとする場合もある．図 24.1 の場合には，Cr Kα 線と Kβ 線は，試料によらず一定の関係を持つので (Fe Kα と Kβ の関係のように FWHM は同じで，Kβ の強度は Kα の 15%)，図 24.1 のピーク分離では，各元素単独の Kα + Kβ ダブレット (2 重項) スペクトルをあらかじめ実測しておき，それをスムージングしたスペクトルを基底ベクトルとしてピーク分離している[2].

(iii) 単一成分のピーク位置を固定して強度だけを最適化する場合と，位置と強度の両方を変数として最適化する場合とがある．半値幅やガウス-ローレンツ混合比も同時に最適化する場合もある．位置を固定する場合は，単一成分が何かがわかっている場合であり，未知の成分を含む場合には変数とするパラメータが多くなる.

残差 2 乗和の計算は，ピークの急峻な部分だけに限って計算するのが良い．残差 2 乗和の計算領域を限定する．図 24.1 を拡大したスペクトルを**図 24.2** に示す．Cr Kβ + Mn Kα の 1 本のピークを 2 本のガウス曲線に分離する場合，残差 2 乗和は，5.85 ～ 6.00 keV の狭い範囲を計算して最小化する方が，5.4 ～ 6.0 keV や 5.0 ～ 9.0 keV などの広い範囲の残差 2 乗和を計算するよりも良い結果を与える．広い範囲の残差 2 乗和は，平坦な部分の残差に引きずられるからである．どのような条件でピーク分離するのが良いかを決定するためには，実

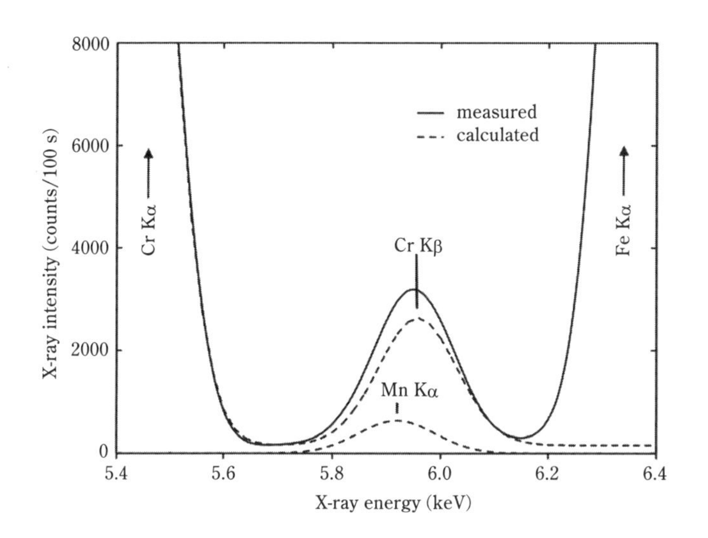

図 24.2 図 24.1 の拡大(文献[2]).

測スペクトルと同じ強度のスペクトルに乱数ノイズを重畳させた模擬データをピーク分離して，もとの混合比を再現する条件を探す.

以上のような計算には EXCEL の機能が利用できる.

測定点の数は，ピーク分離した 1 成分のピークの FWHM 内に 15 点程度あれば十分である．この 15 点から逆算して測定点のステップ幅を決める．最低でも 5 点程度ないと，ピーク高さの誤差が大きくなる.

X 線スペクトルの場合には，カウント数に応じて σ が変化するので，残差 2 乗の重みが異なるが，スムージングしたスペクトルの場合には，σ の変化を考慮する必要はない.

参考文献

[1] A. E. Hughes, B. A. Sexton: Curve fitting XPS spectra, *Journal of Electron Spectroscopy and Related Phenomena*, **46**, 31-42 (1988).

[2] 田中亮平，山﨑慶太，関　浩子，松本雄樹，河合　潤：第一原理計算としてのエネルギー分散型蛍光 X 線ファンダメンタルパラメータ法とステンレス鋼への応用，鉄と鋼, **105** (10), 981-987 (2019).

§25　グリーン関数

物理計測装置，微分方程式，原子，化学反応装置などの「系」に δ 関数を入力したとき，その出力（または応答）をグリーン関数 G と呼ぶ（**図 25.1**）．

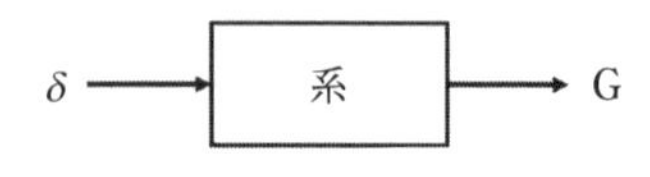

図 25.1　グリーン関数

グリーン関数は，もともと物体中の電荷分布を調べる目的でジョージ・グリーン[1] が使った方法で，試験電荷（テスト・チャージ）を使う．Rickayzen[2] は「位置ベクトル $\boldsymbol{r}'$ に点電荷 e があるとき，位置 $\boldsymbol{r}$ のポテンシャル・エネルギーは，

$$\varphi(\boldsymbol{r}) = \frac{e}{4\pi\varepsilon_0 \left|\boldsymbol{r} - \boldsymbol{r}'\right|}$$

である．このポテンシャルがわかると，多数の電荷，あるいはその極限としての連続的な電荷分布 $\rho(\boldsymbol{r}')$ を使って，位置 $\boldsymbol{r}$ のポテンシャルを，

$$\varphi(\boldsymbol{r}) = \int d^3 r' \frac{\rho(\boldsymbol{r}')}{4\pi\varepsilon_0 \left|\boldsymbol{r} - \boldsymbol{r}'\right|}$$

と書き下すことができる」と説明した．ポアソン方程式のグリーン関数は

$$\frac{1}{4\pi\varepsilon_0 \left|\boldsymbol{r} - \boldsymbol{r}'\right|}$$

である．Rickayzen の本では点電荷 e を置いたが，試験電荷としては単位電荷 $+1$ とする場合が多い．点電荷を物体の近くに持ってきたときの物体中の電荷分布がわかれば，単位点電荷の代わりに $\rho(\boldsymbol{r}')$ の分布をもつ電荷を近づけたときの物体中の電荷分布も計算可能となる．一般に，入力が δ 関数のときの系の応答を「グリーン関数」と呼んでいる．この説明は，あまりに抽象的なので，実は身近でグリーン関数を利用している例を挙げる．

【例 1】固体内の拡散

冶金学者のシュウモンの『固体内の拡散』[3]を和訳した笛木和雄と北澤宏一（専門はエネルギー化学や超伝導酸化物）は訳者序文でこの本を，「固体内の拡散は，金属精錬，金属材料の熱処理，金属の表面硬化処理，金属の高温腐食，窯業における各種固体反応，半導体素子または電子回路製造等における最も基礎的なプロセスの一つであり，かつまた高温での材料の特性を決定する主要因となっている」と解説している．

この本の薄膜拡散源の説明では「いま溶質を全く含んでいない長い棒状試料の一端に溶質を薄膜上に α だけめっきしたとしよう．もしも溶質を含まない同様の棒状試料をこの棒のめっきされた端面に拡散が起こらないように溶接し，ついで時間 t の間だけ拡散が起きるようにアニール（焼鈍）したとすると，棒状試料に沿って溶質濃度は次式で与えられる．$c = \dfrac{\alpha}{2\sqrt{\pi D t}} \exp\left(-\dfrac{x^2}{4Dt}\right)$」[3]と書かれている．ここで D は拡散係数である．この式は正規分布（ガウス分布）である．

直径 1 cm の鉄の丸棒の端面にクロムをめっきして，もう 1 本の鉄の棒を溶接する〔**図 25.2** (a)〕．しばらく高温に保持してクロム原子を拡散させると，クロムは初めデルタ関数状の濃度分布をしているが，拡散して，面積は変えずにガウス関数状に広がり，時間が経過するにつれて幅が広がった釣鐘型の濃度分布を示す．拡散方程式のグリーン関数はガウス関数である．

デルタ関数というのは抽象的すぎる．どの程度の厚さのクロム薄膜をめっきすればよいか，というのは実験上常に問題となる．厚すぎては δ 関数とみなせない．鉄とクロムは相互作用が強いが，線形性が失われない程度に希薄な濃度であることも重要である．

拡散方程式のグリーン関数がガウス分布であることがわかれば，任意の濃度分布の Cr〔図 25.2 (b)〕に対して，アニール後の濃度分布が計算可能になる．図 25.2 (b) の右側が一定濃度ならばステップ関数であるから，アニールによって原子を拡散すれば誤差関数（**図 25.3**）になる．図 25.2 (b) のように濃度むらがあるなら，高さの違う短冊がそれぞれアニールによってガウス関数になるとして足し合わせればよい．だからグリーン関数を知れば，あとは重ね合わせで解が求まる．詳細はシュウモン[3]，河合[4]参照．

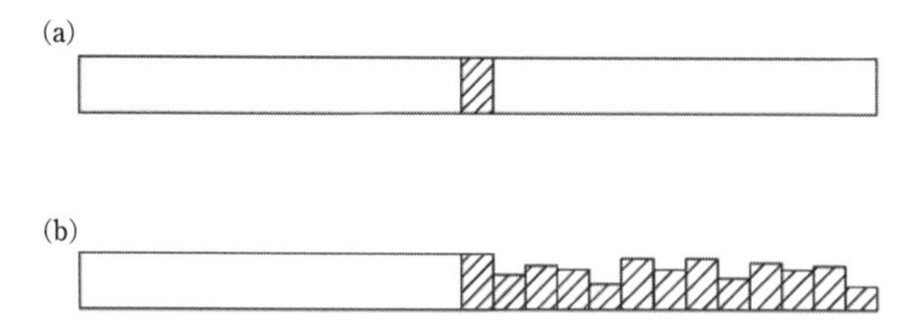

図 25.2　(a) 鉄の棒の端面にクロムをめっきし，もう 1 本の鉄の棒を溶接した図.
(b) 濃度むらがある鉄クロム合金棒と鉄棒を溶接した図.

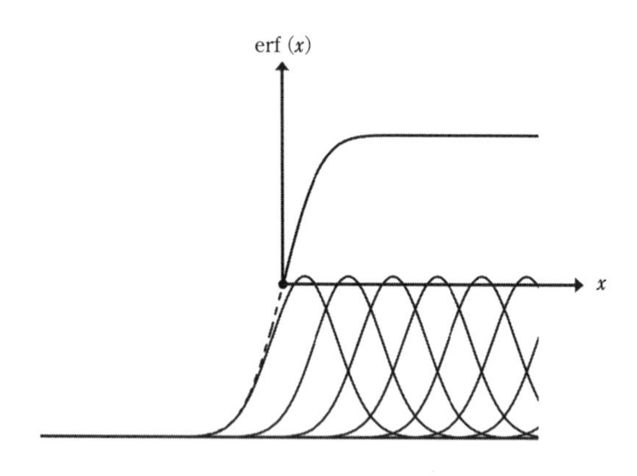

図 25.3　ガウス関数と誤差関数との関係.

【例 2】スムージング関数

ノイズのあるデータを平滑化するためのサビツキー・ゴーレイ (Savitzky-Goley) スムージングを §18, 19 で説明した．5 点スムージングの場合,

$$\bar{x}_m = \frac{-3x_{m-2} + 12x_{m-1} + 17x_m + 12x_{m+1} - 3x_{m+2}}{35} \tag{18.5}$$

と表される．ここで，x_m は m 番目の測定点の強度，$\bar{x}_m$ はスムージング後の強度である.

1 回スムージングしたデータを，生データと見立てて 2 回目のスムージングをする．さらに繰り返して 100 回，200 回とスムージングすることも珍しくない．微弱なバックグラウンド (§37, §38) だと思っていたスペクトルでも，スムージングを 200 回ほど繰り返すと，表面とバルクの化学種に相当する 2 本の

ピークからなっていたことがわかる場合もある．100 回スムージングを繰り返した場合，式 (18.5) に相当する関数がどういう式で表されるのかを知りたいとき，デルタ関数，すなわち全 256 チャネルのデータのうち，128 チャネル目だけが 1 で残りのチャネルはすべて 0 であるようなデータを式 (18.5) にインプットしてスムージングを 100 回繰り返せばよい．図 25.4 は δ 関数に対して，5 点スムージングを 1, 10, 100, 1000 回繰り返したときの結果である．本来は面積が 1 になるようにプロットすべきであるところ，ピークの高さをそろえてプロットしてある．図 25.3 の 1 回目は，当然ながら，[−3, 12, 17, 12, −3]/35 という係数になる．分母 $35 = -3 + 12 + 17 + 12 - 3$ である．

市販のデータ処理プログラムには，平滑化やスムージングというメニューもあるが，どういう計算をしているかわからない場合も多い．そういうときは中央の 1 チャネルだけが 1 で残りはゼロとなるデルタ関数を入力してみて，どんな結果が出るか調べればヒントが得られる．ある有名なグラフソフトにスムージング機能があったので，デルタ関数を読み込ませて 5 点スムージングをさせてみた．その結果は，元の 1 のピークの前後合計 5 チャネルがすべて 0.2 となる結果が出てきた．あまり使いたくないグラフソフトである．

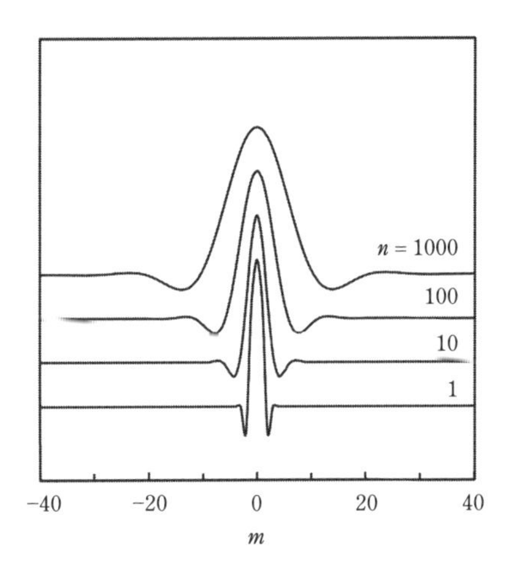

図 25.4　2 次 5 点 Savitzky-Golay スムージングを繰り返し行ったときのスムージング関数．

【例 3】力学系をハンマーでたたく

図 25.5 のような鉄球とバネからなる系の共振周波数を求める実験を考える．このためには，L 字型の台をさまざまな周波数で振動させてみて，振動が続くか，すぐに減衰するかを調べればよい．この方法は，周波数をしらみつぶしに探さなければならないので，効率が悪い．図 25.5 は，LCR（コイル，キャパシタ，抵抗）からなる共振回路と等価なので，その電気回路に周波数 ω を変えながら $E = E_0 e^{i\omega t}$ をかけて減衰を計測することに相当する．入力周波数を一々変化させてその振幅を測るのは効率が悪い．

デルタ関数のフーリエ変換は一定値関数になる（**図 25.6**）．すなわち δ 関数はすべての周波数成分を均等に含んでいることを知っているなら，もっと違った方法でこの系の共鳴周波数を求めることができる．ある時刻 $t=0$ にデルタ関数をこの系に入力するということは，系をハンマーでたたくということである．そうすると，最初は不規則に動いていた鉄球が，しばらく放置しておくと，決まった振動数で振動するようになることに気付く．ハンマーでたたく力にはよらず，最後にはいつも同じ周波数で振動しながら，やがて摩擦で静止する．打撃が速いほど高い周波成分まで含む．

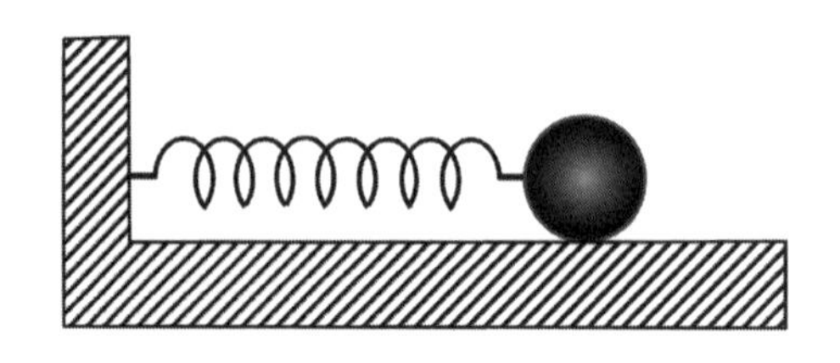

図 25.5　バネのつながった鉄球．

図 25.6　デルタ関数とそのフーリエ変換．

ハンマーでたたくということは，すべての周波数を系に一気に与えたことを意味する．ほとんどの周波数の振動は急激に減衰し，固有振動だけが生き残る．

$E = E_0 e^{i\omega t}$ を電気回路に与える実験を式で表現すれば，微分方程式

$$\frac{d^2 x(t)}{dt^2} + \gamma \frac{dx(t)}{dt} + \omega_0 x(t) = R(t)$$

に $R(t) = x_0 e^{i\omega t}$ を代入し，ω を変化させながら解くことに相当する．ここで γ は摩擦，$\omega_0 = \sqrt{k/m}$ で k はばね定数，m はおもりの質量である．一方グリーン関数 $G(t)$ を用いる方法は，デルタ関数のインプットに対する応答が $G(t)$ であるから，

$$\left(\frac{d^2}{dt^2} + \gamma \frac{d}{dt} + \omega_0 \right) G(t) = \delta(t) \tag{25.1}$$

を解くことに相当する．この式は，$\left(\frac{d^2}{dt^2} + \gamma \frac{d}{dt} + \omega_0 \right)$ と $G(t)$ とが逆演算の関係にあることを意味する．

ハンマーの打撃が強すぎると線型応答から外れ，実験装置が壊れる．逆に打撃が弱すぎると，高感度の装置でなければ観測できないし，高い周波数成分を含まない．適度な衝撃力は実験装置を見れば，直感で「このくらい」とわかるものである．短い打撃時間であるほど（ハンマーが高速なほど），高い周波数成分まで含む打撃になる．インパルス応答と呼ぶ場合もある．

【例 4】原子のイオン化

X 線を材料に照射して 1 s 軌道などの内殻電子を電離して空孔を生じさせる実験は，X 線吸収分光，X 線光電子分光，軟 X 線発光分光などとして材料分析に使われているが，超伝導材料など機能材料の電子状態の計測には欠かせない方法となっている．こうした内殻空孔は +1 の試験電荷とみなすことができ，単位点電荷に対する価電子の応答を調べる実験であると解釈することができる．

§25 の要点は次のとおりである．

(i) グリーン関数はデルタ関数の入力に対する応答である．それに対して，ラ

プラス変換はステップ関数の入力に対する応答である．

(ii) グリーン関数は，微分演算の逆演算である．

(iii) 拡散方程式のグリーン関数はガウス（正規分布）関数である．

(iv) デルタ関数をフーリエ変換すると全周波数を均等に含む．

(v) バネと鉄球の系にハンマーで打撃を与えたときの系の応答はグリーン関数である．打撃時間が短いほど高い周波数成分を持つ．

(vi) ブラックボックスの計算プログラムにデルタ関数をインプットすると，プログラムの中身が推定できる．

(vii) デルタ関数は，実際上は線型応答が成り立つ程度に弱く入力しなければならない．

参考文献

[1] ジョージ・グリーン（1793～1841）は英国ノッティンガムの粉ひき屋である．粉ひきの風車小屋を親から相続した．粉ひきという職業は，決して貧しい職業ではなく，むしろ裕福な職業であった．小学校に4学期間（学期の定義は不明）しか通わなかったと言われているが，ラプラスの『天体力学』を，粉ひきの暇な時間に読む実力があった．1828年に『Mathematical Analysis to the Theories of Electricity and Magnetism』[5]という72ページの『An Essay』を100冊ほど自費出版し，読書クラブ会員（50人ほどの会員名簿もこの『エッセイ』に出ている）に配布した．この本には，今日，ガウスの定理と呼ばれる定理などが，ガウス，シュトルム，トムソン（ケルビン卿）などが再発見する10年以上前にすでに記載されていた．「ポテンシャル」も専門用語としてグリーンが初めて用いた．1846年までエッセイの存在はほとんど世に知られていなかった．

河合著『熱・物質移動の基礎』[6]と物理学会誌の記事[7]を引用すれば，Thomson（後のKelvin卿）は1845年，21歳の時ケンブリッジ大学の卒業試験を終えてパリ留学に発つ直前に『エッセイ』を入手し，旅行中熟読した．パリ到着2日目に『エッセイ』を手にLiouvilleを訪問して見せたところ，その夜遅く，今度はStrumが『エッセイ』を見せてほしいとケルビンの宿を訪ね，『エッセイ』をむさぼり読むと，Ah voila mon affaire.（ああ，こんなところに僕の定理が出ている）と大声で叫んだという逸話が，ケルビンの手紙に書いてある．2人の数学者の名前の付いた定理を，彼らが発見する前に小学校にもろくに行かなかった粉ひき屋が発見し出版していた．ガウスの定理にもいろいろあるが，その一つはグリーンが第1発見者で，ガウスが再発見したものである．このケルビンの手紙も収録した，グリーンの伝記は，フランス語教師の Cannell が出版している[8]．

ノッティンガム大学の L. Challis 教授を中心にして荒れ果てていたノッティンガムのグリーンの風車を再建して科学博物館（Green's Windmill and Science Centre, facebook.com/Greens.Windmill/）にした．廉価版のグリーンの「エッセイ」は 1993 年にノッティンガム大学が復刻し風車ミュージアムで販売していたが，今では Web で PDF 版が無料でダウンロードできる．

[2] G. Rickayzen: "Green's Functions and Condensed Matter", Dover (1980).

[3] P. G. Shewmon：『固体内の拡散』笛木和雄，北澤宏一訳，コロナ社 (1976) p.8.

[4] 河合　潤：『熱・物質移動の基礎』，丸善 (2005) 第 7 章.

[5] G. Green: "An Essay on the Application of Mathematical Analysis to the Theories of Electricity and Magnetism", Googleブックス，https://books.google.co.jp/books?id=GwYXAAAAYAAJ&redir_esc=y

[6] 文献 [4] の p.7.

[7] 河合　潤：新刊紹介，日本物理学会誌, **57** (4), 277 (2002).

[8] D. M. Cannell：“George Green, Mathematician & Physicist, 1793-1841, The background to his life and work”, 2nd ed., Society for Industrial and Applied Mathematics (SIAM), Philadelphia, 2001.

§26　AIC とスプライン関数法

スプライン関数（spline function）[1] とは多項式を節点（フシテンまたはセッテンと読む．knot）で滑らかにつないだものである．昔はハンダ線のように柔らかい金属でできた曲線定規（自在定規，**図 26.1**）を曲線の作図に用いた．自在定規は3次関数を滑らかにつないだスプライン関数に近似できる．スプライン関数は曲線を有する人工物の CAD（computer aided design）設計に使われるが，本節では，図 17.2 に示したようなノイズを含むスペクトルをスムージングするために用いる．

節点の数を n 点，次数を m 次とする．スプライン関数は $n+1$ 個の多項式からなり，各多項式は $m+1$ 個のパラメータを持つので，合計 $(n+1)(m+1)$ 個のパラメータを持つが，節点における連続条件（関数値と $m-1$ 次までの導関数が連続である条件）から，拘束条件は mn であり，自由なパラメータ数は，$(n+1)(m+1)-mn=m+n-1$ となる [1]．

3次関数を用いて，節点の数や位置などをパラメータとして，最適なスムージング条件を決めるために赤池の情報量基準（AIC，An information criterion または Akaike information criterion の頭文字）を用いる場合を説明する．スムージングとは，ノイズのあるスペクトル（図 17.2）に最小2乗近似によってモデ

図 26.1　自在定規．

ルを当てはめることである．モデルには単純さが求められるのでこのことを「けちの原理，Principle of parsimony)」または「オッカムのカミソリ (Occam's razor)」と言う[2]．できるだけ少ない3次関数を滑らかに組み合わせたものが良いモデルである．

赤池は次のようにAICを定義した[1]．

$$\mathrm{AIC} = (-2) \times (\text{モデルの最大対数尤度}) + 2 \times (\text{モデルの自由パラメータ数}). \tag{26.1}$$

ここで，x_1, x_2, …, x_nを正規分布$N(\mu, \sigma^2)$からの標本とすれば，確率密度関数

$$f(x_i, \mu, \sigma^2) = \frac{1}{\sqrt{2\pi}\sigma} \exp\left\{-\frac{(x_i-\mu)^2}{2\sigma^2}\right\} \tag{2.1}$$

に対する対数尤度関数 (log likelihood, LL)[3] が，

$$LL = -\sum_{i=1}^{n} \frac{(x-\mu)^2}{2\sigma^2} \quad (\mu \text{ を含まない項}) \tag{26.2}$$

と与えられるので，最尤 (maximum likelihood) 方程式は，

$$\frac{\partial}{\partial\mu} LL = -\sum_{i=1}^{n} \frac{x_i - \mu}{\sigma^2} = -\frac{1}{\sigma^2}\left[\sum x_i - n\mu\right] = 0 \tag{26.3}$$

となる．これをμに対して解けば，

$$\mu = \frac{1}{n}\sum_{i=1}^{n} x_i \tag{26.4}$$

という当然の結果を得る．

式 (26.1) は

$$\mathrm{AIC} = N \ln Q + 2(m + n + 1) \tag{26.5}$$

と変形できる[1]．ここでNはデータ数 (図17.2の例では256点)，Qは残差2乗和であるが，X線スペクトルのようにカウント数に応じてσが変化するスペクトルに対して，Saitouら[4]は，(残差2乗)/(カウント数) によってノーマライズした残差2乗の和を計算する方が良いとしている．X線のカウント数が

N カウントのとき，その標準偏差は $\sqrt{N}$ となるからである．

スプライン関数には B-スプライン等さまざまなものがあり，パラメータ項 $2(m+n+1)$ は，スプライン関数の種類に応じて変化する．パラメータ数は自由に変化させられる変数の数であって，AIC が小さい方が良いモデルである．

赤池[5] によれば，

$$\mathrm{AIC} = (-2)\ln(\text{最大尤度}) + 2(\text{パラメータ数}) \tag{26.6}$$

において，2 つのモデルの間に大きな違いがあるときは式 (26.6) の第 1 項に大差ができ，第 1 項にあまり差がないときは第 2 項が効いてパラメータ数の少ない方が良いモデルと評価される．

AIC を節点数に対してプロットすると，概略，**図 26.2** のようになり，矢印の位置の節点数を選ぶ．斉藤は以下の手順で節点の位置を決めた[4]．

(1) 最初の節点は，スペクトルの中央とする．

(2) (1) で決めた 2 つのスプライン関数を決定後，AIC を計算する．

(3) 2 つの区間の分散を求める．

(4) 分散が大きい方の区間を等分するように節点を決める．

(5) (2) と同じ計算を行う．AIC が減少する場合は (3) 以降を繰り返す．AIC が極小となった場合は (6) へ進む．

(6) 各区間の残差 2 乗和 Q_i を計算し，最大の Q_i を示す区間から順に隣接する区間の残差 2 乗和 Q_{i+1} と比較しながら，節点を少しだけシフトさせて節

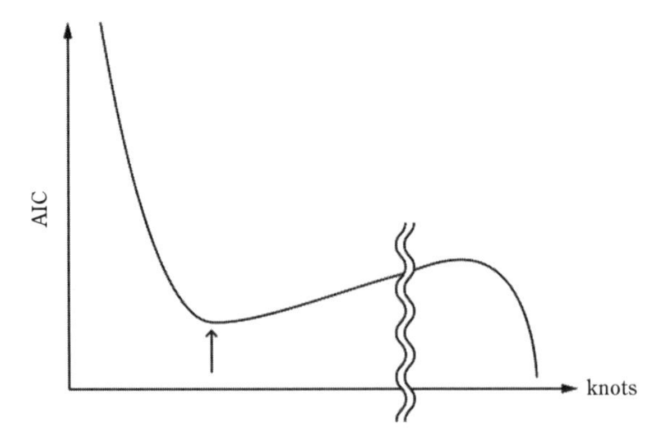

図 26.2 スプライン関数によるスムージングの節点の数に対する AIC の変化の模式図．

点の位置を微調整してAICを減少させ，スプライン関数を再決定する．

スペクトル平滑化の例は，市田・吉本の本[1]や斎藤らの論文に出ている．斉藤の論文[4]では全256チャネルのデータにFWHMが20チャネルのピークが1本ある場合，ピークカウント数が1500のデータでは，AICは節点数が2で2500以上あって，AICの最小値1300（節点数16）まで急激に減少後，漸増する．

式(26.5)の$N \ln Q$の項はエントロピー項であり，AICを最小化することは，エントロピーを最大化すること（MEM法）と等価である．パラメータ数とデータ点数が等しいとき，すべての測定点を通るスプライン関数が存在するので，パラメータ数を増やせば，すなわち$2(m+n+1)$を大きくすれば，残差2乗和をゼロとすることができる．だからAICによってスムージングを有効に行うためには，データ点数がパラメータ数に比べて十分に多い必要がある[1]．

AICの定義式(26.1)の理由については『情報量統計学』[6] 等を参照．AICは最初，An information criterion（ある一つの情報量基準）として赤池によって導入されたが，BIC（ベイズ情報量基準）なども1978年に提案され[2]，今ではAICのAはanではなくAkaikeの頭文字とされる．

参考文献

[1] 市田浩三，吉本富士市：『スプライン関数とその応用』，教育出版（1979）pp.1, 10, 85, 86, 90-92.

[2] 赤池弘次，甘利俊一，北川源四郎，樺島祥介，下平英寿著，室田一雄，土谷　隆 編：『赤池情報量基準，モデリング・予測・知識発見』，共立（2007）p.29．赤池弘次が2006年京都賞を受賞した際の講演，その記念シンポジウムの講演の講演録．

[3] 鈴木義一郎：『情報量基準による統計解析入門』，講談社サイエンティフィック（1995）p.73.

[4] N. Saitou, A. Iida, Y. Gohshi: Data processing in X-ray fluorescence spectroscopy-I. A smoothing method using B-splines, *Spectrochimica Acta*, Part B, **38** (10) 1277-1285 (1983).

[5] 赤池弘次：情報量基準AICとは何か，数理科学，No.153, pp.5-11, 1976年3月号.

[6] 坂本慶行，石黒真木夫，北川源四郎：『情報量統計学』，共立（1983）.

§27　モーメント母関数

モーメント母関数を

$$M(t) = E[e^{tX}] \tag{27.1}$$

と天下り式に与えることにする[1]．ここで X は確率変数，$E[e^{tX}]$ は e^{tX} の期待値を与えるものとする．指数関数は

$$e^t = 1 + \frac{t}{1!} + \frac{t^2}{2!} + \frac{t^3}{3!} + \cdots \tag{27.2}$$

とテーラー展開できるから，

$$M(t) = E[1] + tE[X] + \frac{t^2}{2!}E[X^2] + \frac{t^3}{3!}[X^3] + \cdots \tag{27.3}$$

と，モーメント母関数もテーラー展開できる．$M(t)$ を t で k 回微分した後に $t=0$ を代入すれば，原点の周りの k 次のモーメントが得られることを確かめることができる．たとえば，$M(t)$ を 1 回微分して，$t=0$ を代入すれば t の高次項が消えるので，

$$\mu = E[X] = \frac{d}{dX}M(t)\bigg|_{t=0} = M'(0) \tag{27.4}$$

が得られる．式 (27.3) を t で 2 回微分して $t=0$ とおくと，

$$M''(0) = E[X^2] \tag{27.5}$$

となる．$M(t)$ は k 回微分して $t=0$ を代入すると，原点の周りの k 次のモーメントを generate するのでモーメント母関数 (moment generating function) と呼ぶ．

問 1　正規分布 $N(\mu, \sigma^2)$〔式 (2.1)〕のモーメント母関数は，

$$M(t) = \exp\left(\mu t + \frac{\sigma^2 t^2}{2}\right) \tag{27.6}$$

となることがわかっている[2]．確率変数 X_1 と X_2 の確率分布が，互いに独立に正規分布 $N(\mu_1, {\sigma_1}^2)$，$N(\mu_2, {\sigma_2}^2)$ に従うとき，$X_1 + X_2$ の確率分布は正規分布 $N(\mu_1 + \mu_2, {\sigma_1}^2 + {\sigma_2}^2)$ に従うことを，和の分布のモーメント母関数はそれぞれの母関数の積に等しいことを用いて証明せよ[3]．

問 2　一般に，$x = au \pm bv$ の分散は，

$$\sigma_x^2 = a\sigma_u^2 + b\sigma_v^2 \ \ (\pm ab\sigma_{uv}^2) \tag{27.7}$$

となることを証明せよ．ここで ${\sigma_{uv}}^2$ は共分散と呼ばれ，u と v に相関があるとき $\neq 0$ となる．

問 3　A, B 2 つの試料に含まれるアンチモン (Sb) 濃度を分析したところ，各 5 回ずつ測定した平均値と標準偏差として，A は 30.0 ± 0.8 ppm，B は 27.0 ppm ± 0.9 ppm という結果を得た．式 (27.7) によって，2 つの試料 A, B の Sb 濃度差を計算せよ．

答：正解は 3.0 ± 1.2 ppm．標準偏差は $\sqrt{0.8^2 + 0.9^2} = 1.2$ であって，$|0.8 - 0.9| = 0.1$ ではないことに注意せよ．差の誤差は A, B 個々の測定誤差（± 0.8 と ± 0.9) より大きい ± 1.2 になる．有効数字 2 桁は多すぎるが，3.0 ± 1.2 ppm のように答える場合が多い．ppm は 3.0 と 1.2 の両方に掛かる．

問 4　測定値 u と v との間に相関がなければ，積 $x = auv$ または $x = au/v$ の分散が，

$$\frac{\sigma_x^2}{x^2} = \frac{\sigma_u^2}{u^2} + \frac{\sigma_v^2}{v^2} \tag{27.8}$$

となることを証明せよ．これを誤差の伝播という．長方形の縦と横の長さを測定して面積を求めるときに面積の誤差を見積もるために用いる．一般に，変数

u と v との間に相関がなければ，

$$\sigma_x^2 = \sigma_u^2\left(\frac{dx}{du}\right)^2 + \sigma_v^2\left(\frac{dx}{dv}\right)^2 + \cdots \tag{27.9}$$

という関係が成立する．

問 5　長方形の縦と横の長さを測定したとき，それぞれ 5.21 ± 0.02 cm および 125.13 ± 0.09 cm と言う計測値を得た．この長方形の面積はどのように表されるべきか．

答：$\sqrt{6.48} = 3$となるから，652 ± 3 cm^2．どの積が誤差に効くかに注意すること．

参考文献

［1］岩沢宏和：『世界を変えた確率と統計のからくり 134 話』, SB クリエイティブ (2014)，第 062 話「母関数の理論」p.138.
［2］同上，第 064 話「母関数の典型的な利用例」p.142.
［3］同上 p.143.

§28　特性関数

実数 t を虚数 it でおきかえることは珍しくない．拡散方程式において，時間 t を虚時間 it に入れ替えるとシュレディンガー方程式になる（§31 シュレディンガー方程式と拡散方程式の類似性）等の例がある．§27 のモーメント母関数を表す式

$$M(t)=E[1]+tE[X]+\frac{t^2}{2!}E[X^2]+\frac{t^3}{3!}[X^3]+\cdots \tag{27.3}$$

において，$t\to it$ とおきかえると，

$$M(it)=E[1]+tE[iX]+\frac{t^2}{2!}E[iX^2]+\frac{t^3}{3!}E[iX^3]+\cdots \tag{28.1}$$

を得る．式 (28.1) は母関数の一種でラプラスの特性関数という．

$$e^{itX}=\cos(tX)+i\sin(tX) \tag{28.2}$$

であるから，

$$\phi(t)=E[e^{itX}]=E[\cos tX]+iE[\sin tX]=\int p(x)e^{itx}dx \tag{28.3}$$

を特性関数 (characteristic function) と呼ぶ. 特性関数 $\phi(t)$ と確率密度関数 $p(x)$ とは互いにフーリエ変換の関係にある．

モーメント母関数 $M(t)$ が存在する場合には，本来実数だった t のところに形式的に純虚数 it を代入して，

$$\phi(t)=M(it) \tag{28.4}$$

とすれば，特性関数が容易に得られる．たとえば，正規分布の特性関数は，正規分布のモーメント母関数 (27.6) の t に it を代入して，

$$\phi_x(t) = E[e^{itx}] = \exp\left(i\mu t - \frac{\sigma^2 t^2}{2}\right) \tag{28.5}$$

となる[1].

モーメント母関数が存在しない確率分布 $p(x)$ に対しても特性関数は存在する[1].

米国人統計学者ソロモン・カルバックが 1934 年に「特性関数」という用語を初めて用いた[2]. 通常 $\phi(t)$ で表す. ラプラスは著書『確率論』[3] において, 確率母関数の代わりに特性関数とその反転公式 (フーリエ逆変換) を巧みに用いた.

リーゼガング現象と呼ばれる化学反応がある. 1896 年に Liesegang が発見した化学反応で, 試験管の中に縞模様[4] が生じる. イオンの拡散が関与して, 試験管の中に周期的な縞模様が出現するので, 寺田寅彦は, リーゼガング現象を「拡散に随伴する周期的現象」だろうと予想して, 拡散方程式の t を虚時間 it で置き換えてはどうかと提案した.「ずっと昔, ケルヴィン卿が水の固定波か何かの問題を取り扱うために伝導の式に虚の項を持ち込んだことがあったようなぼんやりした記憶があるが, 事実は確かでない. しかしとにかくそういう種類の考えも, 少なくも一つのヒントとしては役立つであろうと思う」と述べている[5]. 実数 t を虚数 it でおきかえるアイデアが役立つ例は多い.

以下では, §17 で扱ったローレンツ関数

$$X(\omega) = \frac{\omega_0}{(\omega - \omega_0)^2 + \frac{\gamma^2}{4}} \tag{17.2}$$

の 2 つの和を, 特性関数を使って考察する. 図 17.1 は全 256 チャネルのデータであって, 100 カウントのバックグラウンドの上に, ピーク位置が 100 チャネルと 128 チャネルに, それぞれの半値幅 (FWHM) は等しく 25 チャネル, ピーク強度がそれぞれ 200 カウントと 100 カウントの 2 つのピークを持つ模擬データであった. 横軸は周波数とみなして ω とする. 式 (17.2) は横軸を周波数 ω にとってあるが, 統計データとしては時系列だから, 横軸は t (時刻) とみなした. 本節では, 時系列とは考えず, 物理的な意味のままに横軸は周波数 ω とする.

式 (17.1) は，バネのつながった鉄球 (図 25.5) を，引っ張って手を放し，自然に止まるまで放置した場合の振動を表す微分方程式である．

式 (17.2) は式 (17.1)：

$$\frac{d^2x}{dt^2}+\gamma\frac{dx}{dt}+\omega_0 x=0 \tag{17.1}$$

の解である．この自然減衰振動は，横軸を物理的な時間 t として，振幅 $x(t)$ を縦軸にプロットすると，**図 28.1** (a) (b) を得る．すなわち，$\omega_1=100$ と $\omega_2=128$ に半値幅 25，ピーク強度 200 と 100 をもつコーシー分布 (§17) である．その特性関数は，実部が $200\cos(\omega_1 t)$ と $100\cos(\omega_2 t)$，虚部が $200\sin(\omega_1 t)$ と $100\sin(\omega_2 t)$ で振動する三角関数が，$\exp(-\frac{\gamma}{2}t)$ で減衰してゆく振動である．図 28.1 はその実部をプロットしたものである．ラプラスの特性関数を，フーリエ解析的に表現すると，図 28.1 となる．

フーリエ解析の教科書[6] を見ると，

$$f(t)=e^{-a|t|}\to F(\omega)=\frac{2a}{\omega^2+a^2}$$

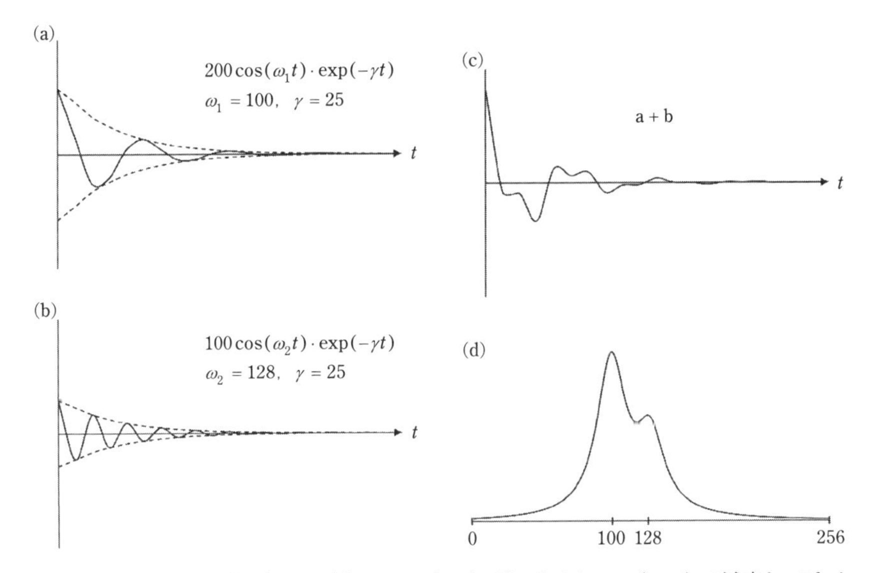

図 28.1　(a) $200\cos(\omega_1 t)$ と，(b) $100\cos(\omega_2 t)$ が，ともに $\exp(-\gamma t)$ で減衰してゆく振動．(c) a + b．(d) c を逆フーリエ変換したもの．

というフーリエ変換公式を見つけることができる.

もとの模擬データ，すなわちノイズのないローレンツ関数（図 17.1）は最大が 300 カウントを少し超えており，そのフーリエ変換（図 21.1）の縦軸切片が 300 余である．図 21.1 は縦軸を対数プロットしたものであり，横軸が 0～0.1 の範囲は概略では指数関数的に減少しているとみることができる，図 28.1（c）のとおり，2 つの周波数成分が重ね合わさったものになっている.

参考文献

［1］竹内　啓，藤野和建：『2 項分布とポアソン分布』，東京大学出版会（1981）p.11.

［2］岩沢宏和：『世界を変えた確率と統計のからくり 134 話』，SB クリエイティブ（2014），第 062 話「母関数の理論」p.138.

［3］P. S. Laplace: “Théorie analytique des probabilities”（1812, 1820）. 詳細は §20 文献［7］参照.

［4］H. Hayashi, Y. Sato, H. Abe: X-ray spectroscopic analysis of stochastic, periodic precipitation in Co-Fe-Based Prussian blue analogues, *Journal of Analytical Atomic Spectrometry*, **33**, 957-966（2018）.

［5］小宮豊隆編：『寺田寅彦随筆集』4 巻，岩波文庫（1948）p.36.

［6］大石進一：『フーリエ解析』，岩波書店（1989）.

§29　熱と温度の違い

§30で説明するラプラス変換を正しく理解するためには，熱と温度の違い，あるいは電流と電圧の関係を正しく理解している必要がある．

ラプラス変換は，ラプラス (1749～1827) がフーリエ変換法から発展させたものと言われることがある．たとえば寺沢寛一の『数学概論応用編』[1]のラプラス変換の説明では，「$f(x)$が振動の振幅，xが時間であれば$F(p)$は$f(x)$を調和分析したとき，振動数pの成分の大きさを表す．しかし，もし時刻$x=0$に衝撃的に運動がはじまり，$x>0$では$f(x)=1$であると，この函数は$L_1(-\infty,\infty)$に属しないから，厳密な意味ではFourier変換ができない．これらの不便な点を改め，いろいろな意味で使いやすくしたのが，Laplace変換である．」と書かれている．「調和分析」とは調和振動子の固有振動，すなわちsinやcosの和によって複雑な関数を表す手法であり，フーリエ展開のことである．ラプラス変換は，フーリエ変換を$x=0$以上の区間でも使えるようにしたものだということである．この説明は何かこじつけめいている．

高橋秀俊の『物理学汎論』[2]の「ラプラス変換と伝達関数」の章には，定常振動の働きかけ$E=E_0e^{i\omega t}$を電気回路に与えてみたとき，そのレスポンスから直接知られる量がアドミッタンス$Y(i\omega)$だと説明したうえ，しかし$E=E_0e^{i\omega t}$は単振動を表しているので，「無限の過去から続く“はたらきかけ”も実はあまり実際的ではない」ので，「$Y(i\omega)$を一般の複素変数の場合に拡張した$Y(p)$ (Rc$p\geqq 0$) を伝達関数」と呼んで，$Y(p)=\int_0^\infty y(\tau)e^{-p\tau}d\tau$と定義するとき「フーリエ変換の代わりにラプラス変換が現れる」と説明している．この説明もこじつけめいている．

熱と温度は似てはいるが異なる概念である．その違いは成書では「熱の尺度が温度」と説明される場合が多い．熱 ÷ 温度 = エントロピーという回答も可能であるが，熱伝導などの輸送現象においては，電流と電圧の関係が，熱と温度の関係と相似であると考えて，同じ輸送方程式に従うことを利用する．

オームの法則（$V=iR$）はフーリエの第一法則（厚さ l，面積 S の平板に流れる熱量 Q は，$Q=\frac{kS}{l}\Delta T$．ここで k は熱伝導率，ΔT は平板の両面の温度差）と相似である．輸送現象論では，濃度の平均化が拡散（フィックの法則）であり，温度の平均化が熱伝導（フーリエの法則）であり，気体分子速度の平均化（運動量輸送）が粘性（ニュートンの法則）であると解釈する．

オームの法則は，$V=iR$ と書くので，抵抗 R の両端に電圧 V を印加すると電流 i が流れると考える癖がついている．すなわち，電位差が駆動力であり，電流がその結果である，と普段から考える人が多いはずである．ヘビサイド[3]は発想を逆転させて，電気抵抗に電流が流れた結果，電位差が発生すると考えた．熱抵抗のあるレンガのようなものに熱流が流れると，レンガの裏と表で温度差が発生する[4]と考えるのである．温度差があるから熱が流れた，と考えるのとは逆である．ラプラス変換を理解するためには，この発想の逆転が重要である．

§29をまとめると，(i) 熱と温度の関係は，電流と電圧の関係と相似である．詳細は§30で説明するが，(ii) 抵抗（器）は電流に作用して電位差を発生する演算子（電気部品）だと考える．抵抗の中を電流が流れることによって電圧が降下する．電圧が駆動力である，という常識からいったん離れるのである．

参考文献

[1] 宮島竜興：『自然科学者のための数学概論応用編』寺沢寛一 編，岩波書店（1960），p.515.

[2] 高橋秀俊，藤村　靖：『高橋秀俊の物理学講義，物理学汎論』，ちくま学芸文庫（2011）第26章．アドミッタンス Y とはインピーダンス Z の逆数のこと，伝達関数とは回路の入力と出力をそれぞれラプラス変換した比である．

[3] P. J. Nahin: “Oliver Heaviside”, The Johns Hopkins University Press（1987, 1988, 2002）．和訳あり（『オリヴァー・ヘヴィサイド―ヴィクトリア朝における電気の天才 その時代と業績と生涯』高野善永訳，海鳴社（2012）．）

[4] 河合　潤：『熱および物質移動の基礎』，丸善（2005）．正誤表は www.process.mtl.kyoto-u.ac.jp に掲載．

§30　ラプラス変換

ラプラス変換の式

$$L\{f(t)\}=\int_0^{\infty}e^{-st}f(t)dt \tag{30.1}$$

は，いったいどういういきさつからこんな式が出来上がったのだろうか？ という素朴な疑問を持つ学生・研究者は多い．この式を暗記したのでは意味がない．

ラプラス変換の最も有名なテキストと言われるDoetschの本[1]にはフーリエ級数から出てきたディリクレ級数$\sum_{n=0}^{\infty}a_n e^{-i\lambda_n s}$の離散変数$\lambda_n$を連続変数$t$に変え，$a_n$を$f(t)$に変えることでラプラス変換になると説明されている．ディリクレ級数の変数をsと書く習慣があったので，ラプラス変換の変数がsになったという．

ところで「ラプラス変換は誰が発見したか」とGoogleで検索するとさまざまなサイトが見つかる．ぐんま天文台の橋本修は，フーリエ変換はわかりやすいが，ラプラスがなぜラプラス変換を見つけたのかを昔から疑問に思っていて，優秀な研究者に会うたびにそれを聞いてきたが，誰も答えられなかったと言う．高崎高校スーパーサイエンスハイスクール2004年度の渋川元樹に一度考えてみてはどうか，と橋本が提案したことをきっかけとしてまとめられたレポートが「Laplace変換をめぐって」と題する渋川のレポート[2]である．渋川によると，

$$u(t)=\sum_{k=1}^{\infty}y_k t^k \tag{30.2}$$

を母関数（generating function）とすると，

$$\left(\frac{1}{t}-t\right)u(t)=\sum_{0}^{\infty}(y_{k+1}-y_k)t^k \tag{30.3}$$

なので，$t \to e^{-T}$，$y_{k+1} - y_k = \frac{d}{dT}$，$\Sigma \to \int$という置き換えをすると，

$$u(t) = \sum_{k=1}^{\infty} y_k t^k \to \int_0^{\infty} y_x e^{-xT} dx \tag{30.4}$$

というラプラス変換になるということである．『ラプラス確率論』[3] を見ても，ラプラス変換の式 (30.1) は書いてない．渋川の言うように，級数$u(t) = \sum_{k=1}^{\infty} y_k t^k$で表される母関数としてラプラス変換が表現されているからである．

「ラプラス変換は誰が発見したか」という質問に対して，インターネットにはさまざまな回答が掲載されている[4]．『岩波数学辞典』[5] には「ラプラス変換はディリクレ級数の積分への拡張である．この変換は P. S. Laplace 以前にも L. Euler が微分方程式の解法に応用したが (1737)，これとまったく独立に Laplace は彼の有名な “Théorie analytique des probabilitiés” (1812) の第 1 巻で，微分方程式および差分方程式の解法にこれを用いている.」と書いてあり，Doetsch[1] とほぼ同じ内容である．

布川昊のラプラス変換の教科書[6] には，ヘビサイドがどのようにして演算子法を思いついたのか，といういきさつが推理小説のように描かれている．電気工学者の Nahin はヘビサイドの伝記[7] を書いている．河合の『熱および物質移動の基礎』[8] は，布川と Nahin の本を総合してラプラス変換を説明したものであって，再録すると以下のとおりである．

まず電気抵抗とは，電流→電圧の変換装置であると考える．オームの法則を $V = Zi$ と書き，インピーダンス Z は電流 i に作用して電圧 V を与える演算子であると考える．キャパシタンス C やインダクタンス L は，$i = C\frac{dV}{dt}$，$V = L\frac{di}{dt}$ が成り立つので，$p = \frac{d}{dt}$ と置けば，$Z = \frac{1}{Cp}$ や $Z = Lp$ となる．微分記号があらわにでてくるキャパシタンスやインダクタンスでは，Z は電流に作用して電圧を与える積分演算子や微分演算子であるという意味が理解しやすい．インピーダンスを表す「Z」はヘビサイドが用いた記号である．インピーダンスは，電流を電圧に変換する電気部品であると同時に演算子でもある．

熱伝導なら，有限の熱抵抗を持つ熱伝導物質中を熱流が通過したときに，温度差が生じることに相当する (§29)．熱抵抗 ＝0 の媒質の中を熱が流れても温度差は生じない．境界層理論では，抵抗を境界層に局在化させる．電気抵抗

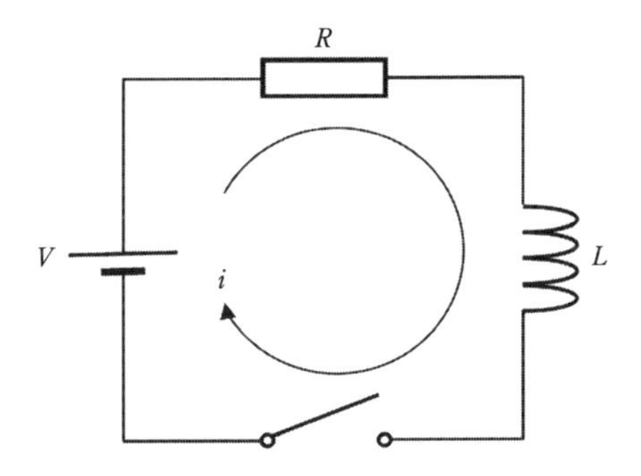

図 30.1 演算子法で解く電気回路．Vは1ボルト．

は，実際上は程度問題で，0.1 Ω の電線と 100 kΩ の抵抗器が直列につながっている場合に，流れる電流は両者共通に 1 A とすれば，それぞれの部分での電圧降下は 0.1 V と 100000 V だから，電線の電圧降下が抵抗器のそれに比べて無視できることを意味している．100 kΩ の抵抗器に 1 A の電流を流すためには 10 万 V の電圧をかけなければならないから非現実的であるので，10 μA を流すことにすれば，1 V の電池で可能なので現実的である．

抵抗 R とコイル L が直列の回路（**図 30.1**）のインピーダンスは $Z = R + Lp$ なので，図 30.1 の回路にスイッチが入った瞬間の電流変化は $i = \frac{1}{R+Lp}\mathbf{1}$ と形式的に表すことができる．ヘビサイドはこれを「代数化する (to algebrize the problem)」と呼んだ．ここで太字の **1** はヘビサイドのステップ関数であり，$t = 0$ でスイッチが入って 1 ボルトの電圧が回路にかかったことを意味する．$\frac{1}{1+x} = 1 - x + x^2 - x^3 + x^4 \cdots$ だから，

$$\frac{1}{R+Lp} = \frac{1}{Lp\left(1+\frac{R}{Lp}\right)} = \frac{1}{R}\left[\frac{R}{Lp} - \left(\frac{R}{Lp}\right)^2 + \left(\frac{R}{Lp}\right)^3 - \left(\frac{R}{Lp}\right)^4 + \cdots\right] \quad (30.5)$$

と展開できるので，回路に流れる電流 i の時間変化は，右辺の無限級数を演算子としてヘビサイドのステップ関数 **1** に作用させれば求まる．ところで p は時間微分だったので，$\frac{1}{p}$ は時間積分を意味するとヘビサイドは考えた．すなわち，

$$\frac{1}{p}\mathbf{1} = \int_0^\infty 1\,dt = t,\quad \frac{1}{p^n}\mathbf{1} = \frac{t^n}{n!}$$

である．したがって，

$$i = \frac{1}{R}\left[\frac{R}{Lp} - \left(\frac{R}{Lp}\right)^2 + \left(\frac{R}{Lp}\right)^3 - \left(\frac{R}{Lp}\right)^4 + \cdots\right]\mathbf{1}$$

$$= \frac{1}{R}\left[\frac{R}{L}t - \left(\frac{R}{L}\right)^2\frac{t^2}{2!} + \left(\frac{R}{L}\right)^3\frac{t^3}{3!} - \left(\frac{R}{L}\right)^4\frac{t^4}{4!} + \cdots\right]$$

となる．この無限級数は指数関数を用いて書き直すことができるので，結局，微分方程式

$$Zi = \mathbf{1} \tag{30.6}$$

の解が

$$i = \frac{1}{R}\left[1 - e^{-\left(\frac{R}{L}\right)t}\right] \tag{30.7}$$

と求まる．R と L が直列につながった回路に 1 ボルトの電池をつないでスイッチを入れると (ヘビサイドのステップ関数)，スイッチが入った瞬間には電流は流れないが，次第に電流は増加して，$i = \frac{1}{R}$ に漸近する．ヘビサイドはビクトリア朝時代のインターネット (＝ 電信) の信号の鈍り方をこのように研究した．電信回路にコイル成分があると，信号が鈍ることを発見した．

微分すれば p 倍となり，積分すれば $\frac{1}{p}$ 倍になる関数は指数関数だから，

$$F(p) = \int_0^\infty f(t)e^{-pt}dt \tag{30.8}$$

と同じ積分変換を考えているのがヘビサイドの演算子法である．

布川の教科書[6]によれば，1920 年前後には Bromwitch などにより演算子法の正当化が試みられ，多くの応用を生み，これらは Doetsch の Handbuch der Laplace-Transformation 全 3 巻としてまとめられたということである．Doetsch の教科書[1]はヘビサイドの業績についてまったく触れていない．ヘビサイド (1850～1925) の演算子法を数学者が正式に認めたのはヘビサイドの死

後，1930年過ぎになってからだと言われている．しかも「ラプラス変換」と呼ばれて．ヘビサイドはMathematics is an experimental science, and definitions do not come first, but later on. やShall I refuse my dinner because I do not fully understand the process of digestion.（消化プロセスを完全に理解しなければ夕食を食べてはいけないのか）などと書いている[7]．当時の数学者が，大学を卒業していないヘビサイドを徹底的に無視したことに対する彼の言葉である．

原田義明は「ヘヴィサイドの数学は，個性のきつい記号を使用していたことから，また，数学に厳密性がないため，さらに，おそらくは彼が一技術者であったことから，正統派の数学者からは見向きもされなかった」[9]と述べている．エンジニアならヘビサイドに共感を持つ人は多いはずである．

電気回路の応答計算や，伝熱計算に使うラプラス変換法は，ヘビサイドのアイデアというべきである．

ヘビサイドのステップ関数は，スイッチが急にONになって電圧がかかったり，高温物体に接触させたりすることを表している．

ギブズとヘビサイドはベクトル解析を独立につくり上げ[10]，マクスウェル方程式を簡略化した．

G. Doetschのラプラス変換の本や，それに準拠した教科書や数学辞典は，ヘビサイドの業績を隠ぺいして，高橋秀俊[11]のような一流の物理学者にさえラプラス変換の物理的意味を理解できなくさせている．

ヘビサイドのように，「こんなことが成り立ちそうだ」と直感で閃(ひらめ)くとは，研究では極めて重要である．科学論文として出版されることが重視される現代では，「予想」や「問題」を発見することより「証明」の方が重要だと思う人が多いのは残念である．フェルマーの定理やポアンカレ予想は聞き覚えがあっても，それを証明した人の名前はなかなか思い出せないはずである．今まで誰も気づかなかった「予想」に気付くことが重要である．寺田寅彦には「寺田の法則」（§41）のような例が多い．

カノニカルアンサンブルは，エネルギーEのミクロカノニカルアンサンブルを重み$\exp(-E/kT)$で寄せ集めたもの，グランドカノニカルアンサンブルは粒子数Nのカノニカルアンサンブルをさらに重み$\exp(\mu N/kT)$で寄せ集めたものである[12]．したがって，ミクロカノニカル分配関数を$W(E)$，カノニ

カル分配関数を $Z(T)$，グランドカノニカル分配関数を $\Xi(T, \mu)$ とすれば，

$$Z(T)=\int_{E_0}^{\infty} e^{-E/kT} W(E)dE, \quad \Xi(T, \mu)=\sum_{N=0}^{\infty} e^{\mu N/kT} Z(T, N) \qquad (30.9)$$

という関係があるから，ミクロカノニカル (W) をラプラス変換すればカノニカル (Z) になり[12, 13]，カノニカル (Z) をもう一度ラプラス変換すればグランドカノニカル (Ξ) になる．ラプラス変換のように変数も $E \to \frac{1}{T}$，$N \to \mu$ と変化している．

参考文献

[1] G. Doetsch: "Introduction to the Theory and Application of the Laplace Transformation", translated by W. Nader, Springer-Verlag, Berlin, Heidelberg, New York (1974) ; G. Doetsch: "Einfuhrung in Theorie und Anwendung der Laplace-Transformation", Birkhauser Verlag Basel (1970)．335 ページある Doetsch の英語の本は京大では附属図書館から PDF 版を自由にダウンロードできるので，試しに "Heaviside" をコンピュータ検索してみると，"The function $u(t)$ is called the unit step function, sometimes in electrical engineering the Heaviside unit function." という文章の 1 か所で Heaviside に言及されているに過ぎないこともわかる．

[2] 渋川元樹：「Laplace 変換をめぐって」
http://www.takasaki-hs.gsn.ed.jp/ssh/research/report/h16report-research-11.pdf
この論文について渋川へ問い合わせたところ，Web を削除し改訂版を送ってくれた．本稿の母関数の記述はそれをもとにしている．ここに感謝する．

[3] P. S. Laplace: "Théorie analytique des probabilities" (1812, 1820)．詳細は §20 文献 [7] 参照．

[4] 「2 ちゃんねる」スレッド (「フーリエ変換とラプラス変換」) や Yahoo 知恵袋 (「ラプラス変換はどのようにして発見されたのか？」
http://detail.chiebukuro.yahoo.co.jp/qa/question_detail/q11106748071) など．
「ラプラス変換は，いつごろ，誰が発見したものなのでしょうか．ネット上でいろいろ検索してみたのですが，歴史的な経緯がまったくわかりません．」(2013 年 5 月 5 日) というものもある．工学部でラプラス変換を初めて学ぶ学生がたいてい持つ疑問であるし，ラプラス変換を教える教師の多くも答えられるとは言いがたい質問である．

[5] 日本数学会編 :『岩波数学辞典』, 第 4 版, 岩波書店 (2007)．

[6] 布川　昊 :『ラプラス変換と常微分方程式』, 昭晃堂 (1987). 布川は京大工学部生向けに工業数学の講義をおこなっていた.

[7] P. J. Nahin: "Oliver Heaviside", The Johns Hopkins University Press (1987, 1988, 2002). 和訳あり (『オリヴァー・ヘヴィサイド―ヴィクトリア朝における電気の天才 その時代と業績と生涯』 高野善永訳, 海鳴社 (2012).)

[8] 河合　潤 :『熱および物質移動の基礎』, 丸善 (2005). 正誤表は www.process.mtl.kyoto-u.ac.jp/ に掲載.

[9] 原田義明 : 有限要素よもやま話, 第 40 話, 数学を創った電気技師 (2006 年 8 月), http://femingway.com/?p=1223

[10] 河合　潤 : ラプラス変換は誰が発見したか? (5), ベクトル解析, 金属, **87** (8), 715-722 (2017).

[11] 高橋秀俊, 藤村　靖:『高橋秀俊の物理学講義, 物理学汎論』, ちくま学芸文庫 (2011).

[12] 桂　重俊 :『量子力学統計力学序説』東北大学基礎電子工学入門講座, 第 2 巻, 小池勇二郎監修, 近代科学社 (1960) pp.96-97 ; 桂　重俊 :『統計力学』廣川書店 (1969) pp.67, 71.

[13] Benjamin Widom:『化学系の統計力学入門』甲賀研一郎訳, 化学同人 (2005), pp.11, 17, 158.

§31　シュレディンガー方程式と拡散方程式の類似性

シュレディンガー方程式は虚時間 (it) における拡散現象である．拡散方程式とシュレディンガー方程式の類似性について説明する．

ポテンシャルのない真空中を飛行する電子のシュレディンガー方程式と，拡散方程式あるいは熱伝導方程式（フーリエの第2法則ともいう）を並べて書いてみると，

$$i\hbar\frac{\partial\psi(x,t)}{\partial t}=-\frac{\hbar^2}{2m}\frac{\partial^2\psi(x,t)}{\partial x^2},\qquad \frac{\partial T(x,t)}{\partial t}=\alpha\frac{\partial^2 T(x,t)}{\partial x^2} \tag{31.1}$$

となる．シュレディンガー方程式を少し変形して虚時間 it にしてみると，

$$\frac{\partial\psi(x,t)}{\partial(it)}=\frac{\hbar}{2m}\frac{\partial^2\psi(x,t)}{\partial x^2} \tag{31.2}$$

となる．すなわちシュレディンガー方程式は虚時間における拡散現象を表す．

金属棒の1点だけがデルタ関数的に高温のとき，熱伝導は，周りの温度との平均化を表しているから，一定時間が経過すると，δ 関数的な高温度域はガウス分布（正規分布）状に広がりながら温度が低下してゆく．**図 31.1** は，$t=0$ でデルタ関数的に1か所だけが高温の金属棒の温度分布が，時刻 $t=1$ のとき

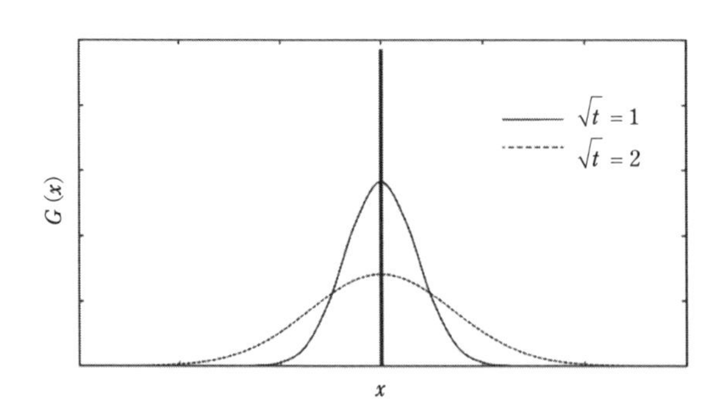

図 31.1　最初，中央の1点のみが高温の金属棒の温度分布の時間変化．原子の拡散も同じ．

にはガウシアン（ガウス関数）の温度分布となり，$t=4$ になると，幅は2倍に広がるとともに温度の最高点が半分に低くなってゆく様子を示したものである．縦軸は温度，面積は熱量を表し，面積（熱量）は保存している．$\sqrt{t}$ に比例して x の領域が広がってゆくのがわかる．

「拡散方程式のグリーン関数はガウス関数である」と言い換えることができる．

デルタ関数を系（微分方程式）にインプットした時のアウトプットをグリーン関数と呼んだ（§25）．虚時間 it における拡散現象がシュレディンガー方程式なので，ガウス関数の変数 t を it に入れ替えれば，シュレディンガー方程式のグリーン関数になると予想できる．もしこの予想が正しいなら，時刻 $t=0$ の波動関数 $\psi=\delta$ のその後の運命[1]は，虚の時間のガウス関数が表しているはずだと推測できる．これは，ガウス関数を虚時間にすればシュレディンガー方程式のグリーン関数になるのではないかという直感的な思いつきである．このように直感的に予想することは重要である．そういう例として本書では誰が気付いてもおかしくない法則として，中心極限定理（§1）や寺田の法則（§41）をとりあげた．

拡散方程式とシュレディンガー方程式の類似性を使うと，シュレディンガー方程式のグリーン関数であっても，アテズッポウではあるが，計算せずに直感的にわかるのである．ただし，数学的に証明しておかなければならない．未知の分野の計算をあらかじめ練習して準備しておくことはできないから，証明してみようと努力すると同時に，図書館から関連する本を借りたり，インターネットで調べたりしながら，何度も計算間違いをして，正しい証明にたどり着けばよい．先人の証明[2]が見つかるので，直感も合うものだ，と満足する一方で少しがっかりすることになる．シュレディンガー方程式のグリーン関数は，式を覚えていなくてもガウス関数を虚時間にすればよいことは，一度理解すれば忘れない．

新しい発見は，こうしたアテズッポウから生まれる．ただし，アテズッポウだけでは科学にはならないし，科学でなければ科学論文は書けないから，証明しなければならないし，もし論文を書くなら今まで誰もやっていないことも調査しなければならないので，論文にするのは結構大変である．

式変形が苦手な場合には，直感的に得た予想をコンピュータで数値的に確かめることもできる．乱数を使って確認したり，量子力学で良くやるように数値積分によって確認することもできる．

拡散方程式とシュレディンガー方程式の関係を，1 次元のシュレディンガー方程式によって見直してみる．シュレディンガー方程式は，

$$i\hbar \frac{\partial \psi(x,t)}{\partial t} = \left\{ -\frac{\hbar^2}{2m} \frac{\partial^2}{\partial x^2} + V(x) \right\} \psi(x,t) \tag{31.3}$$

と書き下すことができるが，以下ではポテンシャル $V(x) = 0$ とする．

拡散方程式のグリーン関数，すなわち $t = 0$ の初期条件を $T(x, 0) = \delta(x)$ としたときの拡散方程式の解は §25 によりガウス関数，

$$\frac{1}{2\sqrt{\pi \alpha t}} \exp\left(-\frac{x^2}{4\alpha t} \right) \tag{31.4}$$

であったから，$V(x) = 0$ のときのシュレディンガー方程式のグリーン関数を，式 (31.4) の時間を虚時間に置き換えて，

$$G(x,t) = \frac{A}{\sqrt{it}} \exp\left(-\frac{Bx^2}{it} \right) \tag{31.5}$$

と置いてみる．式 (31.5) から，$\dfrac{\partial G}{\partial t}$ と $\dfrac{\partial^2 G}{\partial x^2}$ を計算し，

$$i\hbar \frac{\partial G(x,t)}{\partial t} = -\frac{\hbar^2}{2m} \frac{\partial^2 G(x,t)}{\partial x^2} \tag{31.6}$$

に代入して，t の次数が同じ項を比較すれば B が求まる[3]．A は，式 (31.6) を x で積分すると 1 になるように決める．結局，

$$G(x,t) = \frac{m}{\sqrt{2\pi\hbar(it)}} \exp\left(-\frac{mx^2}{2\hbar(it)} \right) \tag{31.7}$$

が求めるグリーン関数である[4]．式 (31.7) は細かな点を省略した式であることを断っておく．正しい式はファインマンとヒップスの本[5]などに出ている．

式 (31.7) は波動関数を表している．式 (31.7) に $\sqrt{i}$ をかけて，その実部を少しプロットしてみると，**図 31.2** となる．図 31.2 は，時刻 $t = 0$ で原点にあった粒子の各時刻での様子である．x 軸の原点は時間の進行につれて違う場所へ移動している．似た図は，ファインマンとヒップス[5]にも出ている．ただし英語版と旧版の和訳とでは縦軸に $\sqrt{i}$ をかけるかどうかなど，図の細部が違っ

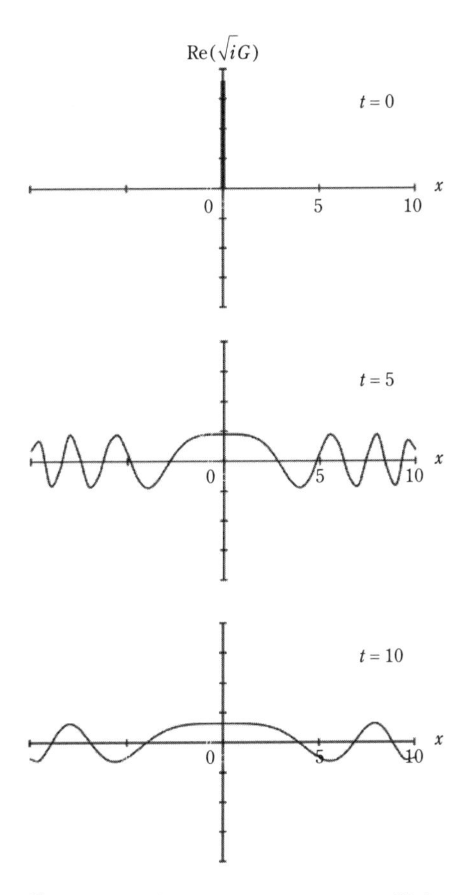

図 31.2 式 (31.7) の$\sqrt{i}G$の実部をプロットしたもの．$t=0$ は模式図で実際のコンピュータ計算結果ではない．$t=5, 10$ は計算結果．t が小さいとき (たとえば $t=10^{-10}$) は小刻みな振動で，t が大きくなると ($t=10^{10}$) 単調な広がりへと変化する．

ている．$\sqrt{i}G \propto \frac{1}{\sqrt{t}}(\cos\theta + i\sin\theta)$ と表せるから，実部と虚部は $\cos\theta$ と $\sin\theta$ の関係にある．

図 31.3 は，時間が経過するにつれて，ある位置の$\sqrt{i}G$の実部がどう変化するかを示したものである．小さい t の領域での激しい振動は，時間のメッシュ間隔を変化させると$\cos\frac{1}{\sqrt{t}}$のためにどんなに小さな t でも激しく振動する．

$x=0$，$t=0$ でデルタ関数だから，「粒子があらゆる値の運動量を等しい確率 $f(p)=\frac{1}{2\pi\hbar}$ をもって点 a を出発するという古典的描像に対応する」(米満・高

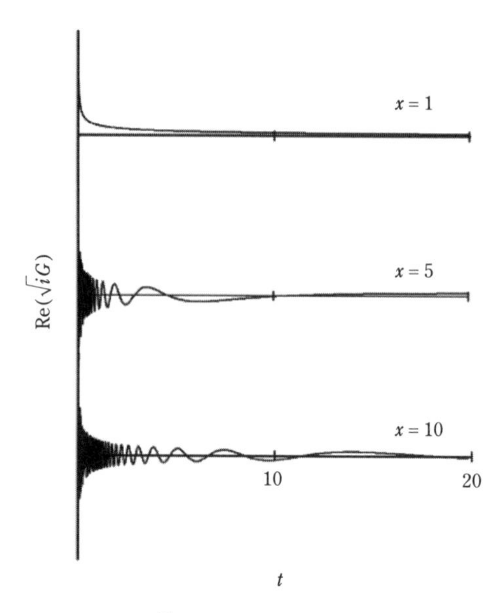

図 31.3　式 (31.7) の $\sqrt{iG}$ の実部を t に対してプロットしたもの.

野 [2] p.31). 不確定性原理によって $\Delta x \cdot \Delta p \gtrsim \hbar$ なので, $\Delta x=0$ なら Δp は定まらない. 同様に $\Delta t \cdot \Delta E \gtrsim \hbar$ だから, エネルギーも不定となる. 図 31.3 の激しい振動は, 不定な高いエネルギーに対応している.

「ガウス関数の変数を虚数にすれば, シュレディンガー方程式のグリーン関数になるのではないか?」という直感が式 (31.7) として求まって, アテズッポウが正しいかったことがわかったうえ, シュレディンガー方程式のグリーン関数の様子も, 図 31.2, 図 31.3 のようにプロットすることができた. 図 31.2 は, 波動関数ではあるが, 拡散を表しているように見える. 大雑把に見れば, 図 31.1 と図 31.2 は似ている. このように, 日常生活で経験する熱伝導や原子拡散で培われた直感を使えば, シュレディンガー方程式の性質も, 計算せずに, 大雑把にではあるが知ることができる.

拡散方程式の欠点は, $t=0$ から少しでも時間が経過すると, ガウス関数の裾であるから確率は小さいとは言え, 無限遠の彼方まで原子が到達する可能性を排除できないことである.

地球上の水素原子内の電子 (地球上に局在した電子) の波動関数は宇宙全体

に広がっている[6]．$t=0$ で δ 関数的に局在していたなら，次の瞬間には宇宙全体に広がる[7]．

図 31.2 は，原子に X 線を照射した結果，$1s$ 軌道電子が原子から放出される現象，すなわち X 線光電子分光実験を表していると考えることもできる．原子を点だとみなせば，そこから真空中（または固体中）へ放出された光電子の波動関数を表している．ただし，電子源として，原子は広がりを持ち，電子を放出することによって原子は反跳も受ける．また

$$
\begin{aligned}
&(\text{放出電子の運動エネルギー}) \\
&\quad = (\text{入射X線のエネルギー}) - (\text{電子と原子との束縛エネルギー}) \qquad (31.8)
\end{aligned}
$$

というエネルギー保存則で決まる運動エネルギーを中心として，反跳分だけエネルギーがシフトした上，電子放出にかかる時間 Δt に対応したエネルギーの広がり ΔE をもつ．光電子を放出した原子自身のポテンシャルや，固体中の他の原子のポテンシャル〔式(31.3) の V〕も無視できない．だから式 (31.7) を光電子の波動関数と考えるのは少し無理があることも確かである[8]．ただし内殻電離という衝撃（インパルス）に対する価電子の応答という点では，光電子放出はデルタ関数として扱うことが可能である．

フーリエの第 2 法則は，拡散方程式であり，虚の時間の拡散現象がシュレディンガー方程式となり，シュレディンガー方程式の時間を虚の逆温度で置き換える ($t \to -i\beta\hbar$, ここで $\beta = \dfrac{1}{kT}$ は inverse temperature) と，量子統計力学になる[2]．

こうした式の相似性を知った上で，金属中の原子の拡散や金属棒の温度変化のように，直感的に理解しやすい現象を一つだけしっかり理解しておいて，あとは相似性から直感的に予想するのも悪くない．

正規分布にはここで述べたような面白い性質があるので，物理量の測定データについても，ガウス関数を虚数に置き換えた関数を使えるのではないかと考えてみるのも無駄ではないはずである．

参考文献

［1］R. Shankar: “Principles of Quantum Mechanics”, 2nd ed. Springer (1980, 1994) p.154, Chapter 5.

［2］米満　澄，高野宏治：『ファインマン経路積分を解く，経路積分ゼミナール』，アグネ技術センター（1994）．問題 3-2 の解答が本稿のアテズッポウの証明に相当する．

［3］H. J. W. Müller-Kirsten: “Introduction to Quantum Mechanics, Schrödinger Equation and Path Integral”, World Scientific (2006)．

［4］式 (31.7) で分母の $\sqrt{i}$ が何だったかすぐに思い出せない人は，$\sqrt{i} = x + iy$ と置いて，両辺を 2 乗して x と y を求めるのがよい．$(e^{i\theta})^2 = \cos 2\theta + i \sin 2\theta$ となることを知っていれば，$\theta = 45°$ または $225°$ のときの $\cos\theta + i \sin\theta$ としてもよい．$\sqrt{i} = \pm(1+i)/\sqrt{2}$ が求まる．

［5］R. P. Feynman, A. R. Hibbs: “Quantum Mechanics and Path Integrals”, (1965)；Daniel F. Styer による Emended Edition は Dover (2005) Chapter 3. 北原和夫による 1965 年版の和訳『ファインマン経路積分と量子力学』がマグロウヒルとみすず書房から出ている．米満・高野の本[2]は．ファインマン・ヒッブスの旧版の間違いを修正して演習問題の解答を与えた本．

［6］ブライアン・コックス，ジェフ・フォーショー：『量子，クオンタムユニバース，すべては近似にすぎないか？』，伊藤文英訳，ディスカヴァー・トゥエンティワン (2016)；Brian Cox, Jeff Forshaw: “The Quantum Universe, Everything that can happen does happen”, Penguin (2012)，第 8 章「原子のきずな」には，「いま，電子 1 が原子 1 に捕らえられていて，電子 2 が原子 2 に捕らわれているものとする．しばらく時間が経過すると，もはや『電子 1 が原子 1 に捕らわれている』ことは保証されない．電子 1 が一瞬のうちに移動して，原子 2 に捕らわれている可能性もあるからだ.」(p.207)，「2 個の電子が互いの存在をきれいに忘れ，まったく同じエネルギーの値を持つことは，パウリの排他律によって許されない.」(p.209)，「2 個の離れた水素原子に捕らわれている電子のそれぞれが，完全に孤立した原子におけるエネルギーの最小値を持てば，全体としてのエネルギーは最小になる．だが，両者がまったく同じエネルギーの値を持つことはできない．原子が遠く離れているときには，この 2 つの状態のエネルギーにほとんど差がないので，電子がたがいの存在をまったく知らないように見える．だが，実際には，パウリの排他律はどこまでも触手を伸ばしていく．2 個の電子はエネルギーの異なる状態に仲よくわかれて存在し，この親密な関係はどれだけ離れていても揺るがない.」(pp.209-210)，「宇宙全体に広がる粒子は，このような親交を結んでいる.」(p.210)，「宇宙に 10^{80} 個の陽子が存在するなら，どの 1 個もポテンシャルの状態に影響を与える.」(p.211) と書かれている．少し科学的ではない表現もあるが，波動関数が一瞬で宇宙全体に広がる感じを直感的に良く表している．

[7] 和田純夫：『ファインマン経路積分』，講談社 (2014) p.30. 「もし $t=0$ で正確に $x=0$ に状態が局在していたら，t が 0 でなくなるとすぐに幅は無限大になる．つまり波動関数は全空間に広がり，常識的な一つの粒子というイメージはなくなってしまう．局在した粒子というイメージを保つには，完全に局在していてはいけないという逆説的な状況になっている.」
[8] 河合　潤：表面の電子状態，『表面科学の基礎』板倉明子・日本表面科学会編，共立出版 (2013) 第 3 章，pp.62-84. 特に，連続準位を持つ金属と，離散準位を持つ絶縁体の計算方法や解釈の違いについて，波動描像と粒子描像の使い分けを議論した pp.80-83 を参照.

§32　四捨五入

四捨五入は日常生活で使われる．末尾の桁を丸める場合，四捨の例として，

$$
\begin{aligned}
&4.14 \rightarrow 4.1 \\
&4.24 \rightarrow 4.2 \\
&\vdots
\end{aligned}
\tag{32.1}
$$

五入の例として，

$$
\begin{aligned}
&4.15 \rightarrow 4.2 \\
&4.25 \rightarrow 4.3 \\
&4.35 \rightarrow 4.4 \\
&4.45 \rightarrow 4.5 \\
&4.55 \rightarrow 4.6 \\
&\vdots
\end{aligned}
\tag{32.2}
$$

などを挙げることができる．ところが四捨五入後の数値は，四捨五入前の数値より高めに偏る傾向を持つ.

これを避けるために，JIS 規格 [1] では，ISO 規格 [2] に従って，「5」の扱いを，

式 (32.2) に例示した 5 つの数値の場合，以下のとおり決めている.

(i) 奇数の後の数値は，切り上げる.

$$
\begin{aligned}
&4.15 \rightarrow 4.2 \\
&4.35 \rightarrow 4.4 \\
&4.55 \rightarrow 4.6 \\
&\vdots
\end{aligned}
\tag{32.3}
$$

これは四捨五入と同じである.

(ii) 偶数 (小数点以下第 1 位) の場合，切り捨てる.

$$
\begin{aligned}
&4.25 \rightarrow 4.2 \\
&4.45 \rightarrow 4.4
\end{aligned}
\tag{32.4}
$$

この丸め方を使うとき，偏りはなくなるが，偶数が多くなる傾向を持つ.

上本[3]によると，JIS 規格に準拠した試験報告書は JIS Z8401 に従っているということである．また JIS Z8401 の丸め方は 1954 年に制定された後，本質的な変更はないので，工業試験報告書は，四捨五入ではなく，式 (32.4) の方法で丸められてきたと考えるべきである.

負の数値は，絶対値を用いて丸める．詳細は上本[3]を参照.

参考文献

[1] JIS Z8401，数値の丸め方 (1999).

[2] ISO 31-0，Guide to the rounding of numbers (1992).

[3] 上本道久：『分析化学における測定値の正しい取り扱い方，測定値を分析値にするために』, 日刊工業新聞社 (2011) pp.18-20.

§33　実数連続と AI

Artificial intelligence（人工知能）や自動運転などの議論が 2010 年代半ば以降盛んである．この AI ブーム[1]は史上 3 回目に当たると言われる．以下では荒井紀子の『AI vs. 教科書が読めない子どもたち』という教職課程を大学で履修する学生によく読まれている著書[1]のページを引用して AI とは何かをまとめてみる．

第 1 次 AI ブームは 1950 年代に「人間のように考える人工物」(p.25) を目指した．この時は「推論と探索では迷路やパズルが解けただけ」(p.25) だった．「条件が簡単には限定できない現実の問題を前にすると，推論と探索だけでは無力であることが明らかになった」(p.26)．

第 2 次 AI ブームは 1980 年代に始まった．「コンピュータに専門的な知識を学習させて問題を解決するというアプローチ」(p.26) をとった．「**エキスパートシステム**と呼ばれる実用的なシステムがたくさん試作され」(p.27) た．「第 2 次 AI ブームは，問題を解決するために必要な知識を記述することの困難が明確になるにつれて，下火に」(p.28) なった．

第 3 次 AI ブームは 2010 年代半ばに始まった．「1990 年代半ばに**検索エンジン**が登場し，以降，インターネットが爆発的に普及」(p.28) した．2000 年代にはインターネットの世界が加速度的に広がりかつ深まり，ウェブ上に大量のデータが突如として増殖した」(p.28)．「**機械学習**という 20 世紀からあったアイデアに注目が集まり」「2010 年代の半ばに燃え上がった現在の第 3 次 AI ブームの火付け役になった」「その火に油を注いだのが，機械学習の一分野である**ディープラーニング**」(pp.28-29) であった．

機械学習は「統計的な方法論」(p.29) に過ぎない．「柔軟性のない機械に，人間並みの物体検出性能を持たせるために必要なもの」(p.30) が**ビッグデータ**である．「検出したい物体のサンプル」が大量になければ統計はうまく動かない．

「今盛んに研究されているディープラーニングなどの統計的手法の延長では人工知能は実現できない」(p.14).「統計という数学の方法論そのものに，ある限界があるためである」(p.14).「基本的にコンピュータがしているのは」「四則演算」(p.12) である.

「スパコンの能力が向上しさえすれば，人間の知性を超えられるというのは出鱈目」(p.83) である.「量子コンピュータを使っても状況は変わらない」のは，「たとえて言うなら，すべての英単語を憶えても，文法を全く知らなければ，英語を読んだり話したりできないのと同じ」(p.84) である. アメリカの企業は「論理的な手法で自動翻訳などの AI を開発することに見切りをつけ，統計的手法に舵を切り，グーグル翻訳」(p.90) などで成果を上げた.

「画像認識では，画像に写っている物体から，あらかじめ学習させておいた物体を探すことはできても，学習させていない物体を見つけることは本質的に難しく，現状ではその方法論が見つかっていない」(p.152). シンギュラリティという「言葉の賞味期限は長く見積もってあと 2 年だろう」(p.161).

本書出版時 (2019 年) には「シンギュラリティ」はもう聞くこともまれである.

数学には，代数方程式の解にはならない，π や e のような超越数があり，「超越数は，そうでない数に比べると途方もなく膨大に存在する」(p.118) が，ほとんど見つかっていない. コンピュータはこのような実数を扱うことはできない.

荒井紀子の著書[1] とほぼ同旨の AI の歴史が斉藤康己著『アルファ碁はなぜ人間に勝てたのか』[2] にも書かれている.『AI vs. 教科書が読めない子どもたち』は，計算機は人間に勝てないという本であったが，『アルファ碁はなぜ人間に勝てたのか』は計算機が人間に勝てた理由を解説している本のはずでありながら，この 2 冊の本は多くの点で共通している.

斉藤康己の本では，「1960 年から 1970 年代ぐらいまでの第 1 次 AI ブーム」(p.43) は楽観的なフロンティア精神の時代で「人間の考えていることは，そのまま素直に計算機に覚え込ませることができる」(p.83) と信じていた.「1980 年代から 1990 年代ぐらいまで」(p.43) は「知識重視のエキスパートシステム」(p.44) の第 2 次 AI ブームの時代，「2010 年代に入って，ディープラーニング手法のリバイバルとともに，第 3 次の AI ブーム」(p.45) が到来したと説明されている．しかし，ディープラーニングでは「第1次や第2次のAIブームが失敗に終わった原因を取り除くことはすぐにはできない」(p.45) と著者である斉藤康己は感じている．「大規模なプログラムを正常系だけでなく，さまざまな異常な事態（予測できていない事態）が起こった場合でも大きなトラブルにならないように作成するのは，ことのほかむずかしいことなのです．」(p.174) と，『アルフ碁はなぜ人間に勝てたのか』[2] を書いた斉藤康己の著書でも真のAIは実現不可能だとして，荒井紀子の著書[1] と似た理由が述べられている．

「大規模なプログラムを正常系だけでなく，さまざまな異常な事態（予測できていない事態）が起こった場合でも大きなトラブルにならないように作成する」という概念は佐久間秀武[3] によって「トップダウン」という言葉で表現されている．佐久間の言うトップダウンの概念は，高みから下を見下ろして，一瞬にして全体像をその文脈も含めて理解することを指す言葉である．このようなことは人間にしかできない．上空からカメラで撮影すれば一瞬で全体像を記録できるが，その画像の中で何が重要か，を理解することは人間にしかできない．

計算機はデジタル情報を扱うので，カオス[4] の研究にある通り，計算の初期段階のわずかな誤差が，繰り返し計算によって増幅されて，まったく異なる結果となる．したがって何らかの補正をプログラムに組み込んでおいて計算結果を修正する必要がある．囲碁のような整数空間では，コンピュータは威力を発揮するが，実数連続を相手にする場合には計算精度が落ちるのみならず，繰り返し計算によってわずかの打ち切り誤差が急激に増大することに注意すべきである．

自動運転をコンピュータで行うためには，繰り返し計算が必要であり，有限の桁で打ち切った数値を用いて計算を繰り返せば，カオス的な性質[4] が出て，初期値のわずかの違いが増幅される．超越数のような数字を扱えるようにならなければ，不測の事態に対応できる自動運転プログラムは難しい．アルファ碁が理解することなく見かけ上で成功したのは，有限な空間だったからである．

正の固有値であっても有限の大きさの箱（ポテンシャル）に粒子を閉じ込めるとき，シュレディンガー方程式の固有値は不連続になる．しかし，自由粒子（自由電子）は連続な固有値をもつ．連続固有値をとるシュレディンガー方程式の固有関数をコンピュータで求めることは難しい．連続固有値を計算するためのさまざまな計算テクニックが発達したが，すべて近似である．固体物性の計算であっても，電子の結合エネルギーが負の電子状態は離散固有値を持ち，計算精度は高い．正の固有値を持つ波動関数の精度は低い．

§30で扱ったラプラス変換は，工学分野の微分方程式を解くために紙と鉛筆で解かれてきた．最近はコンピュータで数値計算することが可能であるし，z変換は自動制御に用いられている．チェスや囲碁ではAIが名人に勝つまでになった．それならもうラプラス変換のような紙と鉛筆の計算方法は必要ないか，と言えば，そうではない．コンピュータが見かけ上で人間を凌駕しているように見えるのは，囲碁のような離散空間の世界だけである．連続した実数の世界では，コンピュータの能力は人間の思考力には及ばない．囲碁は格子点で表されるデジタルな空間だからコンピュータが強いのである．実際の空間は実数である．そういう世界では，コンピュータは人間にかなわない．飛行機で緊急時に対応した自動操縦プログラムが書けない[3]のは，離散か連続か[5]ということが本質的な理由である．

量子力学ではエネルギーは離散的で，結晶格子も離散的なので，電子状態はデジタルコンピュータで扱えると思いがちである．しかしシュレディンガー方程式の正の固有値は実数連続なので，伝導電子を扱ったとたんに大きな近似が入る．近年，量子力学による材料設計が流行っているが，伝導電子を離散的に扱うという粗い近似を使っていることを知らずにVASP (Vienna ab initio simulation package, a plane wave electronic structure code) 等の量子力学計算プログラムを使っているユーザーは多い．

参考文献

［1］荒井紀子：『AI vs. 教科書が読めない子どもたち』, 東洋経済新聞社 (2018).

［2］斉藤康己：『アルファ碁はなぜ人間に勝てたのか』, KKベストセラーズ (2016).

［3］佐久間秀武：「トップダウン思考とボトムアップ思考」(2013-04-43), HuFac Solutions, Inc. ホームページ, http://www.hufac.co.jp/documents/topdown.pdf ヒューファクソリューションズは航空安全などのリスク分析をヒューマン・ファクターから行っている会社.

［4］ 酒井　敏：『京大的アホがなぜ必要か，カオスな世界の生存戦略』，集英社新書 (2019)．

［5］ シモーヌ・ヴェイユはサイコロのように離散確率分布の場合にも実数連続が重要であることを，「わたしがサイコロを一回投げたとして，その結果がどうなるか，わたしは知らない．しかし，それは現象の中に何か無規定なものがあるからではない……一部をわたしが知らずにいるからにほかならない……原因の集合は連続体としての力を有している．すなわち，もろもろの原因は一本の線上の無数の点のようなものである．それにたいして，結果の集合は相互に区別された少数の可能性をつうじて定義される．」〔Simone Weil: "Sur la science", Paris, Galimard (1966) p.204；シモーヌ・ヴェーユ：『科学について』，福居純，中田光雄訳，みすず書房 (1976) pp.157-158〕と述べている，とジョルジョ・アガンベン：『実在とは何か，マヨラナの失踪』上村忠男訳，講談社選書メチエ (2018) p.24 は，シモーヌ・ヴェイユの本の偶然性と必然性は対立概念ではないという量子力学批判に書いてあることを引用している．

対立概念

本書は一見すると矛盾する内容が対になって書かれている．たとえば，(i) 複数回の繰り返し測定が必要だという一方で，1回だけの測定値でも決して無視してはならない．(ii) スムージングやフーリエ変換などのデータ加工が重要だという一方で，生データこそ重要だ．(iii) 国際的な標準化が重要だという一方で，国際標準に引きずられてはならない．(iv) 外れ値を見抜くことは重要だという一方で，外れ値を無視してはならないし検定も使うべきではない．などである．

こうした対立概念こそが，最も重要なところである．「こういう時にはこうせよ」というようなマニュアルにできないところにこそ，大学院の講義としての意味がある．

§34　酸と酸化

酸と酸化は間違えやすい．電池の開発研究が盛んであるが，電池は酸化還元反応そのものである．物理計測として電池の計測を行う試験研究も増えてきた．物理と化学の境界はない．

化学に苦手意識を感ずる場合，酸と酸化を混同している場合が多い．

酸・アルカリというときの酸はacid，中国語でも「酸」と書く．一方，酸化はoxidation，中国語では「氧化」と書く．「氧」は酸素（元素記号O）に対応する漢字であり，「气」は気体を表す．日本語では酸と酸化に同じ「酸」という漢字を用いるために混同しやすいが，英語や中国語では混同しない．

酸はすっぱい性質であって，その代表は酢である．酸化は酸素との化学結合であって，燃焼や錆びる現象を指す．

「強酸を高温で反応させれば酸化しにくい物質でも酸化させられる」と感じる人があるが，間違いである．酸と酸化を混同している．化学物質（たとえばヒ素）は酸性（たとえばpH3）では還元され，塩基性（アルカリ性，たとえばpH10）では酸化（$As^{3+} \rightarrow As^{5+}$）される．pHは水素イオン濃度の対数で，

$$pH = -\log_{10}[H^+] \tag{34.1}$$

である．酸性では水素イオンが過剰となり，還元雰囲気となる．

§35　酸と塩基

酸は酸味があり，たとえばレモンが酸っぱいのはクエン酸（$HOOCC(OH)(CH_2COOH)_2$）が含まれているためである．また，酸は金属を溶かす能力をもつ．酸の存在は古くから知られており，17世紀にはボイル（Boyle）により，酸はリトマス（植物色素）を赤色にする性質をもつ物質であるとされた[1]．リトマスを赤色にする原因は，酸から生み出される水素イオン（H^+）にある．すなわち酸とは，水に溶けるとH^+を生成する物質であり，式(35.1)に示すように物質それ自体が水中で電離しH^+を生成するもののみならず，式(35.2)のように水との反応によりH^+を生成するものも酸である．一方，塩基は酸と反応して塩をつくる物質として古くから扱われてきた[1]．塩基は，水に溶けると式(35.3)や式(35.4)のように水酸化イオン（OH^-）を生成する物質である．なお，水に溶けるとH^+を生成する物質を酸，OH^-を生成する物質を塩基とする定義は，アレニウス（Arrhenius）の定義と呼ばれている．

$$HCl \rightarrow H^+ + Cl^- \qquad (35.1)$$

$$CO_2 + H_2O \rightarrow H^+ + HCO_3^- \qquad (35.2)$$

$$NaOH \rightarrow Na^+ + OH^- \qquad (35.3)$$

$$CaO + H_2O \rightarrow Ca^{2+} + 2OH^- \qquad (35.4)$$

酸や塩基を水に溶かす場合，H^+やOH^-を生成しやすい物質かどうかにより，強酸，弱酸，強塩基，弱塩基として分類する，たとえば，塩化水素（HCl）を水に溶かすと1個のHClから1個のH^+が生じ，水酸化ナトリウム（NaOH）を水に溶かすと1個のNaOHから1個のOH^-が生じる．このように，水に溶けることで容易にH^+やOH^-を生み出すことができる酸，塩基は，それぞれ強酸，強塩基として分類する．一方，酸や塩基を水に溶かしてもH^+またはOH^-を生成する方向の反応（上に示したような反応式における右方向への反応）が進みにくい場合，このような酸や塩基は弱酸，弱塩基として分類する．強酸，弱酸，強塩基，弱塩基の例を以下に示す．

強　酸　過塩素酸（$HClO_4$），HCl，硝酸（HNO_3），硫酸（H_2SO_4）
弱　酸　リン酸（H_3PO_4），HOOCC(OH)(CH_2COOH)$_2$，酢酸（CH_3COOH）
強塩基　NaOH，水酸化カリウム（KOH），水酸化カルシウム（$Ca(OH)_2$）
弱塩基　アンモニア（NH_3）

水のように H^+ と OH^- のモル濃度が等しい状態は中性という．水溶液中の H^+ のモル濃度が OH^- よりも高い状態を酸性，OH^- のモル濃度が H^+ よりも高い状態を塩基性といい，酸を水に溶かせばその水溶液は酸性を示し，塩基を溶かせば塩基性を示す．§34 の式(34.1)の通り，pH は水溶液中の H^+ 濃度の高さを示す．水溶液の pH が 7 よりも小さければ酸性，7 よりも大きければ塩基性となる．酸性領域では pH が小さければ小さいほどより酸性が強くなり，塩基性領域では pH が大きければ大きいほどより塩基性が強くなる．なお，強酸の水溶液の酸性は必ずしも強くなるわけではない．たとえば，10^{-7}mol/L の HCl 水溶液（HCl を水に溶かしたものは「塩酸」と呼ばれる）の pH は，約 7 であり弱い酸性を示す．

酸と塩基が反応することにより塩が生じる反応が中和反応である．たとえば，式(35.5)のように，塩酸と NaOH 水溶液を混ぜると塩化ナトリウム（NaCl）水溶液ができるが，NaCl がこの中和反応で生成した塩である．実際には HCl および NaOH は水に溶かすとそれぞれ完全に電離することから，この反応は式(35.6)のように示すこともできる．したがって，この中和反応は，HCl が酸として働くゆえんである H^+ が NaOH に由来する OH^- に消費される反応としても説明することができる．

$$HCl + NaOH \rightarrow NaCl + H_2O \tag{35.5}$$

$$H^+ + Cl^- + Na^+ + OH^- \rightarrow H_2O + Na^+ + Cl^- \tag{35.6}$$

以下に示すように，NaOH 水溶液に気体の二酸化炭素（CO_2）が吸収される反応や，固体の炭酸カルシウム（$CaCO_3$）（塩基である）に塩酸を滴下すると $CaCO_3$ が溶解する反応も中和反応である．式(35.7)では炭酸ナトリウム（Na_2CO_3）

が塩であり，式(35.8)では塩化カルシウム($CaCl_2$)が塩であるが，これらもNaClと同様に，水溶液中では完全に電離している．強酸と強塩基との反応，強酸と弱塩基との反応，弱酸と強塩基との反応でできた塩の水溶液はそれぞれ中性，酸性，塩基性を示す．弱酸と弱塩基との中和により生じた塩の水溶液は，その組み合わせにより酸性を示す場合と塩基性を示す場合がある．

$$CO_2 + 2NaOH \rightarrow Na_2CO_3 + H_2O \quad (35.7)$$

$$2HCl + CaCO_3 \rightarrow CaCl_2 + H_2CO_3 \ (H_2CO_3 \text{ は } CO_2 \text{ と } H_2O \text{ になる}) \quad (35.8)$$

水1Lに0.1 mol/Lの塩酸を1滴(0.05 mL)加えるだけで，pHは7から5.3まで低下する．このように，強酸や強塩基は微少量加えただけでもpHを大きく変化させる．緩衝液はそのpHを一定に保つことができる水溶液のことであるが，pH変化を抑えるために中和反応を利用している．たとえば，CH_3COOH(酸)とCH_3COONa(酢酸ナトリウム，塩基)の混合水溶液は緩衝作用をもつ．それぞれのモル濃度が同じになるようにCH_3COOHとCH_3COONaを混ぜて混合水溶液を調製する場合，まず以下の中和反応〔式(35.9)〕が起こるが，反応前後でCH_3COOHとCH_3COONaの物質量(mol)の比に変化は生じない．

$$CH_3COOH + CH_3COONa \rightarrow CH_3COONa + CH_3COOH \quad (35.9)$$

この混合水溶液に塩酸を少量加えても式(35.10)に示す中和反応によりHClは消費され，消費されたHCl分だけ弱酸であるCH_3COOHが生じる．同様に少量のNaOHを加える場合には，式(35.11)に示す中和反応によりNaOHが消費され，消費されたNaOH分だけ弱塩基のCH_3COONaが生じる．上述の通り，弱酸や弱塩基はほとんどH^+やOH^-を生成しないことから，混合水溶液のpHは強酸や強塩基の滴下前後でほぼ変化しない．

$$HCl + CH_3COONa \rightarrow CH_3COOH + NaCl \quad (35.10)$$

$$CH_3COOH + NaOH \rightarrow H_2O + CH_3COONa \quad (35.11)$$

水はビーカーに入れて放置すると，空気中のCO_2を吸収することにより弱酸性(pH5.6)となる．要するに意図的に酸や塩基を加えなくとも，溶液の周辺環境の影響により pH は変化する．一方，緩衝液は，空気中の CO_2 のような外部からの影響により溶液の pH 変化が起こらないようにする働きをもつ．中和反応の身近な例として，弱酸のクエン酸($HOOCC(OH)(CH_2COOH)_2$)を用いた水垢(鏡などにへばりついている白い汚れ)の洗浄が挙げられる．水垢の主成分は塩基の炭酸カルシウム($CaCO_3$)なので，クエン酸と中和反応を起こす．すなわち，式(35.8)と同様の反応が起こり，水垢を取り除くことができる．クエン酸は酸としての性質を利用して塩基の汚れを落とす洗浄剤としてよく利用される．一方，塩基の重曹(炭酸水素ナトリウム，$NaHCO_3$)は酸の汚れを落とすために有効であり，これも洗浄剤としてよく用いられる．

上述してきた酸，塩基に関する概念とは別に，電子対を受け取る物質が酸，電子対を与える物質が塩基とする定義(ルイス(Lewis)の定義)がある．しかし，ルイスの定義にしたがうと，あらゆる物質を酸，塩基として説明することができてしまい，以下のような沈殿生成反応〔式(35.12)〕や錯体生成反応〔式(35.13)〕も酸と塩基との反応となる〔以下の反応式では銀イオン(Ag^+)が酸となる〕．古くから知られていた酸は植物色素を赤色にする物質であり，酸と塩をつくる物質が塩基とされてきたことを考えれば，アレニウスの定義は，このような従来の酸と塩基について，それらがどのような化学的性質をもつ物質であるのかを説明するのにふさわしいものである．一方，ルイスの定義は，従来の酸，塩基とは異なる性質をもつ物質も酸，塩基として扱っており，従来の酸・塩基反応の直感的理解のためには必要のない定義である．

沈殿生成反応　$Ag^+ + Cl^- \rightarrow AgCl$　(35.12)

錯体生成反応　$Ag^+ + 2NH_3 \rightarrow [Ag(NH_3)_2]^+$　(35.13)

なお，酸は金属を溶かす目的で利用できるが，その反応では反応後に金属の酸化数が増大するため，これは酸・塩基反応ではなく酸化還元反応であることを最後に述べておく．

参考文献

［1］内田正夫：化学と教育，**55**, 258 (2007).

§36　酸化と還元

酸化反応と還元反応はともに，原子，イオンあるいは化合物の間で電子の授受がある反応のことである（これに対して，プロトンの授受がある反応は酸塩基反応）．たとえば，銅（Cu）の酸化は，

$$Cu + \frac{1}{2}O_2 \rightarrow CuO \tag{36.1}$$

で表され，この反応式には，電子が現れないので，電子の授受が起こっているかわかりにくいが，この反応は次の 2 つの半反応式

$$Cu \rightarrow Cu^{2+} + 2e^- \tag{36.2}$$

$$\frac{1}{2}O_2 + 2e^- \rightarrow O_2^- \tag{36.3}$$

の足し合わせで表すことができる．この 2 式（36.2 と 36.3）から式（36.1）の反応では，電子の授受が起こっていることがわかる．電子を放出する反応式（36.2）を酸化反応（銅が酸化<u>される</u>），電子を受け取る反応式（36.3）を還元反応（酸素が還元<u>される</u>）と呼ぶ．酸化反応だけ，あるいは還元反応だけが生じる反応はなく，どちらかが酸化されれば，もう一方は必ず還元される．この点は，酸塩基反応と同様である．

酸化還元反応で重要なもう一つの反応は水溶液中での反応である．電池やめっきがこれに当たる．たとえば，亜鉛（Zn）を硫酸亜鉛（$ZnSO_4$）水溶液に浸漬し，銅を硫酸銅（$CuSO_4$）水溶液に浸漬し，隔壁（多孔質セラミックス，半透膜，イオン交換膜など）によって，2 つの水溶液が完全には混合しないが，電気的には接続されている電池（ダニエル電池）（**図 36.1**）を考える．この電池の反応式は，

$$Zn + Cu^{2+} \rightarrow Zn^{2+} + Cu \tag{36.4}$$

で表される．半反応式（半電池反応式）は，

$$Zn \rightarrow Zn^{2+} + 2e^- \quad (36.5)$$

$$Cu^{2+} + 2e^- \rightarrow Cu \quad (36.6)$$

となる．イオン（Zn^{2+}, Cu^{2+}）は水溶液（電池内部）から供給され，電子は電池外部から供給される．式（36.5）が酸化反応，式（36.6）が還元反応になる．電池の2つの電極は，正極，負極と呼ばれ，ダニエル電池の場合は，外部から電子が流れ込む銅電極が正極で，外部へ電子が出て行く亜鉛電極が負極となる．また，英語では，この2つの電極をcathode（カソード），anode（アノード）と呼ぶ．cathodeはcation（陽イオン）が向かう電極，anodeはanion（陰イオン）が向かう電極のことである．したがって，式（36.6）がカソードとなる．「陰イオンが向かう」＝「陽イオンが離れていく」となるので，ここでは，式（36.5）の反応が起こる電極がアノードとなる．還元（かんげん）反応が生じる電極がカソードなので，ともに「か」から始まると覚えておけばカソードとアノードを混同しにくくなる．電池の場合，正極 ＝ カソード，負極 ＝ アノードとなる．陽極，陰極という用語もあるが，電池の場合，電流が流れ込む（電子が出て行く）亜鉛電極が陽極，電流が出て行く（電子が流れ込む）銅電極が陽極となる．「正」と「陽」，「負」と「陰」という日本語の対応関係が逆転して，混乱を招くので，電池では陽極，陰極という用語は使われないことが多い．また，カソード，アノードはX線管にも使用され，フィラメントがカソード，ターゲット（金属）がアノードとなる．この場合，電子がanionになり，電子が衝突する（向かっていく）ターゲットがアノード，その反対のフィラメントがカソードとなる．

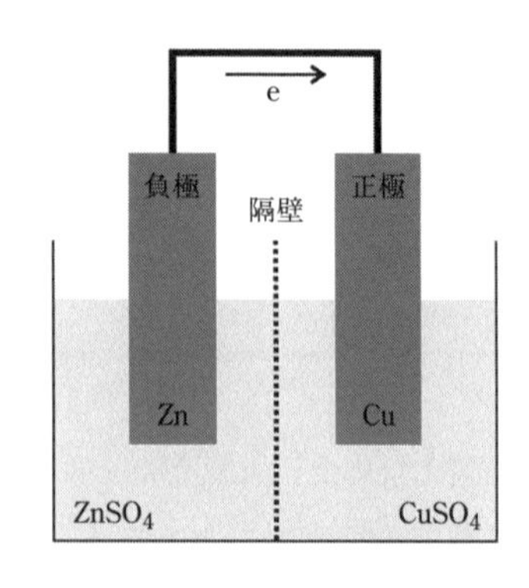

図 36.1　ダニエル電池の模式図．

上述のダニエル電池において，銅電極がカソード，亜鉛電極がアノードになる．つまり，銅が析出し，亜鉛が溶解するが，その逆は起こらない．これは，高校まではイオン化傾向という言葉で説明される．イオン化傾向は溶液中における元素の陽イオンへのなりやすさを定性的に表現したものであるが，これを定量的に表現したものが酸化還元電位（電極電位とも言う）になる．ある電池

表 36.1　代表的な金属の標準酸化還元電位[1].

電極反応	標準電極電位 /V	
$Au^{3+} + 3e^- = Au$	1.50	貴 ↑
$Ag^+ + e^- = Ag$	0.7991	
$Cu^{2+} + 2e^- = Cu$	0.337	
$2H^+ + 2e^- = H_2$	0	
$Zn^{2+} + 2e^- = Zn$	− 0.7628	
$Al^{3+} + 3e^- = Al$	− 1.662	
$Mg^{2+} + 2e^- = Mg$	− 2.363	
$Li^+ + e^- = Li$	− 3.045	卑

の酸化反応と還元反応がわかれば，それぞれの反応の酸化還元電位からその電池の（理論）起電力を求めることができる．標準状態（反応に関わるすべての化学種の活量が 1 の状態）の電極電位を標準電極電位と呼ぶ．取り決めでは，標準水素電極（プロトンと水素ガスの反応：$2H^+ + 2e^- = H_2$ が生じる電極）の電位を 0 ボルトとする．標準水素電極と測定したい（標準状態にある）電極を組み合わせた電池の起電力がそのまま測定したい電極の標準電極電位となる．テスターで起電力を測定する際は，黒端子を標準水素電極側に接続することになっており，測定した電圧（プラス・マイナスの符号も含めて）が標準電極電位になる．代表的な金属の標準電極電位を**表 36.1** に示す．プラス・マイナスの符号も含んだ電極電位が高いことを貴な電位，逆に電極電位が低いことを卑な電位と言う．表 36.1 から金や銀などの貴金属の標準電極電位が高い，つまり電位が貴であるということが対応している．

参考文献

[1] 杉本克久：『材料電子科学』, 日本金属学会 (2003), p.223.

§37　ブランクとコントロール

ブランク（blank）とは，試料を入れないこと以外の実験操作はすべて同じで，測定しなければならない試料だけを入れずに測定することである．たとえば，頭髪に含まれる微量のヒ素を分析する場合，頭髪をアルカリ溶解した水溶液を原子吸光分光分析装置で濃度計測する．水酸化ナトリウム水溶液を入れたガラス製試験管に頭髪を入れて，湯煎で3時間加熱溶解し，原子吸光分析する実験操作を行う．まったく同じ操作を，頭髪を入れないこと以外は，同じ条件，すなわち同じ純水，同じ試薬，同じ試験管，同じ加熱温度と時間，同じ装置で分析する実験操作が**ブランク実験**である．

頭髪試料が入っていない水酸化ナトリウム水溶液を高温で3時間加熱しても，時間の無駄のように感じるかもしれない．ガラスには製造時に消泡剤としてAs_2O_3を入れたガラスがあるので，その場合，ブランクからも高濃度のヒ素が検出される．消泡剤にはAs_2O_3以外にSb_2O_3なども使われる．消泡剤のAs_2O_3が誤って検出されることを避けるためには，プラスチック製試験管を用いるべきであるが，Sb触媒を用いて製造されるプラスチックがあるので，アンチモンを分析したい場合には，プラスチック製試験管でもやはり問題となる．したがって，ブランクの測定は常に行わなければならない．

蛍光X線分析装置を用いる場合には，ヒ素$K\alpha$線と鉛$L\alpha$線がスペクトル上で同じエネルギー位置（10.5 keV）に出現するので，やはりブランクを測定することは重要である．鉛はX線装置のX線遮蔽材に使われるからである．

生物や心理学の実験では，ブランク試験に相当する対照実験を**コントロール**（control，統制群，対照群）と呼ぶ．たとえばGaAs半導体工場労働者の頭髪に対するコントロールは，そのようなヒ素にさらされることのない一般人の頭髪である．ブランクとコントロールは似ているが同じではないので，コントロール実験を行ったからといってブランク実験を省略してよいわけではない．

このように，計測や分析においては，「ブランクと試料」および「コントロールと試料」という比較によって，その得られた測定値が試料に起因するものであるのか，装置や試薬や実験器具によるものであるのかをチェックする必要がある．

測定装置によっては，§38 で説明するように，測定される試料の信号は，バックグラウンド（x_{BK}），ブランク（x_{BL}），信号（x_S）の和からなる場合がある．x_{BL} は装置由来のブランク（シンクロトロンビームラインにおける鉛やステンレス成分）と試料を化学処理したことによるブランク（プラスチックに含まれるアンチモン等の微量不純物）に分類できる場合もある．

§38　検出下限

信号が検出できたと判定できる最弱の信号強度を，**検出下限**（**検出限界**，LOD，limit of detection）といい，信号強度と濃度が比例関係にある最小の濃度を，**定量下限**という．

図 38.1 と**図 38.2** にはバックグラウンド x_{BK}，ブランク x_{BL}，分析対象の信号強度 x_{SG} の関係を示した．図 38.1 はピーク高さの場合，図 38.2 はピーク面積の場合である．X 線を計測する場合，装置の壁に散乱された X 線や，宇宙からの放射線，環境中の放射線等が検出器に入るので，一定の計数値（ただし統計的ゆらぎはある）が観測される．これが x_{BK} である．x_{BL} は §37 でヒ素や鉛やアンチモンの例で説明した原因に加えて，試料ホルダーに含まれる物質が検出される場合もある．試料が目的物質を含んでいると認められる信号強度 x_{SG} は，$x_B = x_{BK} + x_{BL}$（この和もブランク信号と呼ぶ場合がある）の標準偏差 σ_B に対して $3\sigma_B$ 以上の信号強度のとき検出できると判定する場合が多い．また定量下限は $10\sigma_B$ 以上とする場合が多い．すなわち，検出下限 x_D は，

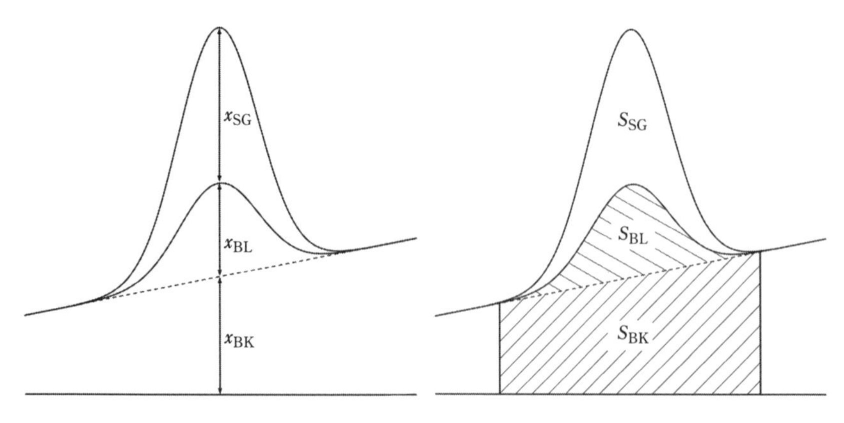

図 38.1 ピーク高さで表したバックグラウンド x_{BK}, ブランク x_{BL}, 分析対象の信号強度 x_{SG} の関係.

図 38.2 ピーク面積で表したバックグラウンド S_{BK}, ブランク S_{BL}, 分析対象の信号強度 S_{SG} の関係.

$$x_D = x_B + 3\sigma_B. \tag{38.1}$$

濃度で表す場合は,

$$C_D = C_B + 3\sigma_B A, \tag{38.2}$$

ここで C_D, C_B, A はそれぞれ検出下限濃度, ブランク濃度, 感度である[1]. このような検出下限の式が使われる根拠は, 正規分布(図 2.2)において 3σ 以内の面積が 99.7%であるから, 観測された信号が, ブランク信号から 3σ 以上離れれば, **有意** (significant) な信号だと考えようという意味である(図 38.1).

一方で国際純正および応用化学連合(IUPAC, International Union of Pure & Applied Chemistry) が 1995 年に[2], 国際標準化機構(ISO, International Organization for Standardization) が 2000 年に[3] に,

$$x_D = x_B + 3.29\sigma_B \tag{38.3}$$

を検出下限と定義した. 上本[1]によれば, もともとは Currie[4] が 1968 年に Analytical Chemistry 誌に 3.29σ を使う論文を発表したことにさかのぼる. 1995 年に IUPAC が検出下限の定義を 3σ から 3.29σ に変更し, 大きな混乱を生んだ[5].

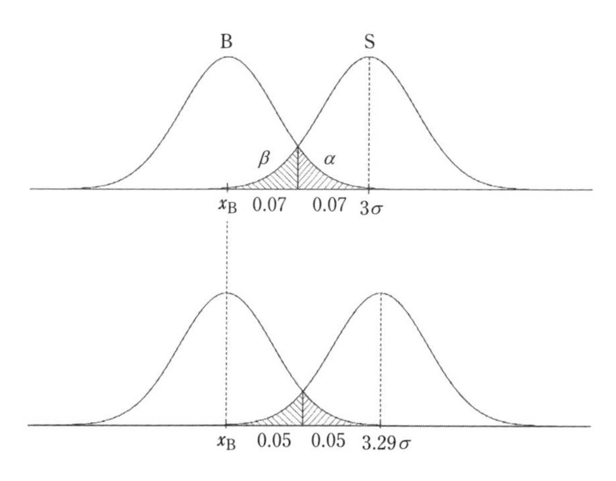

図 38.3　第 1 種の過誤 α と第 2 種の過誤 β.

3.29σ は**図 38.3** に示すように，第 1 種の過誤 α と第 2 種の過誤 β がともに 0.05 (5%) となる x_D である．3σ は $\alpha = \beta = 0.07$ (7%) となる x_D である．α, β は §39 の検定で詳述する．

権力を得た研究者が，国際規格を 3σ から 3.29σ へ変更したことが混乱の原因である．3.29σ に従った研究者もあるが，少数派にとどまる．大部分の研究者は現在でも 3σ を使い続けている．通常の測定の場合，3σ と 3.29σ との違いは無視できる．それほど σ_B は測定ごとに変動するからである．上本[38.6]も「検出限界や定量下限について重要なことは，どの定義をどのような考え方の下で使ったかを自覚し，かつ明示することであろう．何のために検出限界値や定量下限値を求めるのか，また分析内容に適した見積もり方法はどれかなど，分析の目的に立ち返って考えることが必要である.」と述べている．

赤外スペクトル，蛍光 X 線スペクトル，X 線回折データなどのように，時間の経過とともに波数 (赤外スペクトル)，エネルギー (蛍光 X 線)，回折角 (X 線回折) が徐々に変化する時系列信号の場合には，時間の経過とともに，信号が徐々に増加し，ピークに達した後，信号が減少する．このような時系列をどのような時間間隔で測定するかを示したものが**図 38.4** である．分光器の分解能と同じサンプリング間隔で測定すれば，有意な信号は 1 点しか得られない．サンプリング間隔を分光器の分解能より狭くしても意味がないと考える研究者も

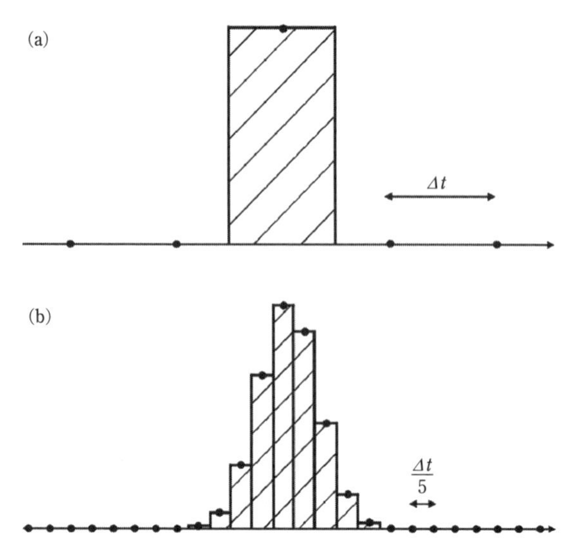

図 38.4　時系列のサンプリング間隔 Δt の変化の影響.

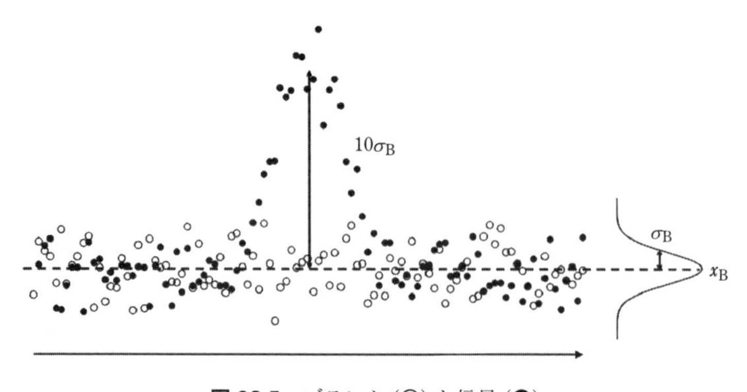

図 38.5　ブランク (○) と信号 (●).

あるが，サンプリング間隔は分解能に比べて十分に狭くしなければならない. Savitzky-Golay スムージングでは，ピークの半値幅内に最低でも 10 点〜20 点のデータ点があるように測定すべきである．検出下限を 3σ や 3.29σ だとする考え方は，図 38.4 (a) のように 1 点だけのピークが有意か有意ではないかを判定しようとするものであるから，ほとんど意味のない検出下限の判定方法である.

図 38.4 (a) のピーク面積は，底辺(Δt) × (ピーク高さ)の長方形，図 38.4 (b)

のピーク面積は，二等辺三角形 $2\Delta t\times$ 高さ $\div 2$ であって，両者の面積はほぼ同じである．

図 38.5 に示すスペクトルは，横幅約 30 点の●からなるピークが測定範囲の中央にくるようにプロットしてある．ブランクから分離した点は約 20 点である．この図 38.5 に示した 10σ の強さのピークは，15 点程度が連続してブランクから分離するので，このピークは有意なものであると認めることができる．信号でないデータが 15 点連続して偏って x_B より強く観測される確率は極めて小さくなるからである．このように，スペクトル計測は測定器の分解能より小さいサンプリング間隔で測定すべきことがわかる．

さらに付け加えるならば，蛍光X線分析装置などの元素分析装置では，大量に共存する元素の種類と濃度によって微量成分元素の検出下限は桁で変化するので，検出下限の定義式としては，式 (38.1) の 3σ でも式 (38.3) の 3.29σ でも違いはなく，共存元素があるときの検出下限は，共存元素がないときの検出下限より 2 桁 (100 倍) 程度濃くなることはよくある．

参考文献

[1] 上本道久：『分析化学における測定値の正しい取り扱い方，測定値を分析値にするために』，日刊工業新聞社 (2011) pp.31-62.

[2] IUPAC Commission on Analytical Nomenclature, L. A. Currie: “Nomenclature in Evaluation of Analytical Methods including Detection and Quantification Capabilities”, which originally appeared in *Pure and Applied Chemistry*, **67**, 1699-1723 (1995)”, Pure and Applied Chemistry, **67**, 1699-1723 (1995); L. A. Currie, “Nomenclature in evaluation of analytical methods including detection and quanfication capabilities (IUPAC Recommendations 1995)”, *Analytica Chimica Acta*, **391**, 105-126 (1999).

[3] ISO11843-2: Capability of detection-Part 2: Methodology in the linear calibration case, International Organization for Standardization (2000). ISO はジュネーブに本部を置く非営利法人.

[4] L. A. Currie: “Limits for qualitative detection and quantitative determination, Application to radiochemistry”, *Analytical Chemistry*, **40** (3), 586-593 (1968).

[5] 尾関　徹：「検出限界と定量限界」，ぶんせき，56-61 (2001).

[6] 文献 [1] の p.60.

§39　仮説検定

統計学における**仮説検定**とは，「母集団の，あるパラメータに関する“帰無仮説”を立てて，これを“棄却”することによって，ある種の仮説を検証すること」[1] である．帰無仮説が棄却できなかった場合に，帰無仮説の方が正しいとしてはならないことに注意すべきである．すなわち「新薬が旧薬より効きめがあることを検証する目的で，“新薬は旧薬と効きめが同じ（または，旧薬より劣る）”という帰無仮説を立てたとする．新薬が旧薬よりわずかながら効きめがあるという結果だったとき，5%の有意水準では棄却できなかった．このとき，“新薬は旧薬と効きめが同じ”とは結論してはならない．」[1]．

メンデルはエンドウ豆の色（黄色か緑か）と形［丸いか皺（しわ）があるか］の数を数えた[2]．メンデルの得た結果は，

$$黄丸：黄皺：緑丸：緑皺 = 315：101：108：32 \tag{39.1}$$

であった（メンデルの観測値は理論値に合いすぎているという批判があって検定の練習に適している）．この度数が理論比

$$9：3：3：1 \tag{39.2}$$

と比較して，誤差の範囲内なのか，あるいは有意な差があるのか，あるいは合いすぎているのかを判定するのに検定を使うことができる．

新薬の検定の場合，単純化して，帰無仮説を「H_0：新薬は旧薬より劣る」とする．**帰無仮説**（null hypothesis）とは棄却して無に帰することを意図して立てる仮説である．これを**帰無仮説有意差検定**という．検定の結果は，**表 39.1** の4つに場合分けできる．

表 39.1 の非対角項は過誤である．過誤には第 1 種の過誤と第 2 種の過誤がある．

表 39.1 帰無仮説 (新薬は旧薬に劣る) を棄却しない・するの場合分け.

	帰無仮説 H_0「新薬は旧薬に劣る」が真実のとき	「新薬は旧薬より優れる」が真実のとき
H_0 を棄却しない	「新薬が旧薬に劣るかどうかは判定できない」とするのが正しい結論.	第 2 種の過誤 (効く新薬を効かないと判定する) をおかす危険率 $=\beta$ $\beta=$ 消費者の損失 $\beta=$ 犯罪者を無罪とする確率 $\beta=$ 擬陰性 β を小さくするのが, 発見者・研究者の論理
H_0 を棄却する	第 1 種の過誤をおかす (効かない新薬を効くと判定する) 危険率 $=\alpha$ $\alpha=$ 生産者の損失 $\alpha=$ 無実の被告人を有罪とする確率 $\alpha=$ 擬陽性 α を小さくするのが, 管理者の論理	正しい

第 1 種の過誤は, 工業製品の抜き取り検査においては, 合格するはずの良品に不合格の判定をすることを意味するから,「生産者の損失」とも言われる. 第 2 種の過誤は, 不良品を合格と判定するから「消費者の損失」と言われる[3].

前節の検出下限 (図 38.2) の定義では, 領域 α は, 目的物質が存在していないにも関わらず存在していると判定する確率, すなわち無いものを有ると判定する確率である. 領域 β は, 目的物質が存在しているにも関わらず存在していないと判定する確率, すなわち存在するものを見逃す確率である.

検出限界はその分析が何のために必要かという目的に応じて変化するものである. 新しい現象の追求や事故原因の解明を目的とする立場の人にとっては, 存在するものを見逃すこと (第 2 種の過誤) を何よりも避けたい. それまで誰も発見できなかった新事実は, わずかな兆候から発見できることが多いからである. このように第 2 種の過誤をできるだけ小さくしたいと考えるのが**発見**

者・研究者の論理[4]である．

一方で，新薬の有効性を判断する立場の人にとっては，**管理者の論理**[3]として，効果の無い薬を「有る」と判断する誤り（第1種の過誤）を少なくしたいと考える．

「法廷のアナロジー」[5]では，αは無実の被告人に有罪を言い渡す確率であり，βは罪を犯した者に無罪を言い渡す確率である．

統計学の教科書では検定に関して詳細な説明があるが，本書ではこれ以上は検定に踏み込まない．心理学における**帰無仮説有意差検定**（null hypothesis significance testing, NHST）の不適切な使用例として，以下の（i）～（iv）を，チェインバーズ[5]が挙げているからである．

（i）2012年，心理学者MasicampoとLalande[6]は，最も権威のある心理学ジャーナル3誌から3627論文をサンプリングしp値（データにちょうど対応する**有意水準**のことで**有意確率**という[2]．p値が0.05未満のとき帰無仮説を棄却する場合が多い）の分布を調べた．$p = 0.05$のすぐ下のp値を出した論文数が予想より5倍多いことを示した．Leggettら[7]はMasicampoとLalandeの結果の追試を行い，「ちょうど有意な」0.05のすぐ下のp値が1965年～2005年にかけて急増していることを見つけた．この不正なp値の急上昇の理由としてSPSS（Statistical Package for Social Science）やR（統計解析用プログラミング言語）などを使用するようになったことを指摘している[8]．

（ii）データ解析後に仮説を逆にする行為．たとえば「A：新薬は旧薬に劣る」という帰無仮説を立てたとする．ところが実験で「A: 新薬は旧薬に劣る」という結果とならなかったとする．この場合「仮説（A：新薬が旧薬に劣る）は支持されなかった．予想外の結果が生じた理由を理解するためには追加の実験が必要だ」とするのが正しい結論である．ところが，研究論文を書く段階になって，仮説を逆転させる不正行為が少なくないという指摘である．仮説を逆転させたら検定の意味はなくなる．これをHARK行為（Hypothesizing After Results are Known. 結果が分かってから仮説を立てる行為）とChambersは呼んでいる[9]．「AならばBである」という命題とその対偶「BでないならAでない」は等価であるが，「AならばBである」が真でないとき「A（新薬は旧薬に劣る）でないならBである」の真偽は判定できないからである．

(iii) 結果が出てからサンプルサイズを変化させる．メンデルのエンドウ豆の場合，豆の数を少なくすれば，いくらでも9：3：3：1から外れた比を得ることも可能になる．§9「サンプリング数と測定精度」で説明したとおり，サンプルサイズを変化させれば，仮説を棄却したいかどうかに応じて思い通りの結果を得ることができる．

物理計測の場合には，充分に大きなサンプル数やサンプルサイズの実験を行う工夫をすべきである（§5モンテカルロ法，§9サンプリング数と測定精度参照）．

(iv) 仮説の誤りよりも正しさを立証しようとする傾向が人にはある．換言すれば，実験では先入観に一致する証拠だけを集めたがる傾向がある．紀元前5世紀の歴史家トゥキディデスはすでに，人は「好ましい結論を発見した際には議論することなくそれを受け入れるが，好ましくないと考えた際にはそれに対抗してあらゆる論理と推論を用いようとする」と述べている[10]．これは「確証バイアス」とも言われる．いったん「これだ！」と確信をもってしまうと，その確信を支持する情報だけを探し，受け入れ，確信に反する情報を探すことも，受け入れることもできなくなる傾向がある[11]．顕微鏡画像観察は，自説に都合のよい画像だけを選択しがちであることに注意すべきである．

Chawla[12]は「統計的有意性を評価するためのP値の閾値を0.05から0.005に引き下げるべきであると，統計学者たちが主張している」「学術文献は信頼できない結果にまみれているのではないかと，研究者も助成機関も出版社も不安を募らせている」とリポートした．Nature誌編集部[13]は「P値とは，1つの実験において，その前提条件の下で想定される結果以外の結果（「影響なし」を含む）が生じる可能性を示す尺度のことであり，P値が『統計的有意性』の境界を示す任意の閾値（たとえば0.05）を上回るか，下回るかで仮説の採用，論文の出版，製品の上市の可否が決まる．しかし，何を真実として受け入れるかをP値だけで決めると，解析結果に偏りが生じたり，偽陽性が必要以上に強調されたり，本当に影響があったのに見落とされたりする余地が生まれる．」と説明して，米国統計学会誌[14]とNature[15]を紹介した．

検定に関する(i)から(iv)の検定バイアスは，Chambersの指摘するとおり，心理学のような研究分野では顕著である．物理計測や化学分析では，検定バイアスが無視できると思われている．ところが物理科学計測といえども，信号が微弱になり，測定値が検出下限に近づくとき，心理学と同様な検定バイアスが増大する．これが本書で検定を疑問視して扱わない理由である．物理計測の論文で仮説検定を用いていたら，まずその論文の科学性を疑うべきである．サンプル量，繰り返し測定回数，積算時間，測定面積，測定体積，信号強度等をチェックしてみると，何らかの不自然な測定パラメータを発見するはずである．検出限界に近い微弱な信号の扱いには十分に注意し，有意差検定に逃げるのではなく，計測装置の改良や，実験条件（たとえば積算時間）の最適化によるデータ取得を目指すべきである．

参考文献

［1］鈴木義一郎：『情報量基準による統計解析入門』，講談社サイエンティフィック (1995) p.65．括弧の引用文は一部改変してある．

［2］東京大学教養学部統計学教室編：『統計学入門』，東京大学出版会 (1991) 12 章．

［3］林　周二：『統計学講義』第 2 版，丸善 (1973) p.185．

［4］合志陽一 編著：『化学計測学』，昭晃堂 (1997) p.159．

［5］クリス・チェインバーズ：『心理学 7 つの大罪』大塚紳一郎 訳，みすず書房 (2019) p.83；Chris Chambers, "The seven deadly sins of psychology, A Manifesto for reforming the culture of scientific practice", Princeton University Press (2017)．

［6］E. J. Masicampo, D. R. Lalande: "A peculiar prevalence of p values just below. 05" *Quarterly Journal of Experimental Psychology*, **65** (11), 2271-2279 (2012)．

［7］N. C. Leggett, N. A. Thomas, T. Loetscher, M. E. Nicholls: "The life of p: 'Just significant' results are on the rise", *Quarterly Journal of Experimental Psychology*, **66** (12), 2303-2309 (2013)．

［8］文献 [5] の p.45．

［9］文献 [5] の pp.25-27．

［10］文献 [5] の p.6．

［11］河合　薫：「海外からも揶揄される貧しき長寿国ニッポン」日経ビジネス，2019 年 8 月 6 日，https://business.nikkei.com/atcl/seminar/19/00118/00035/?P=2

［12］D. S. Chawla: "P-value shake-up proposed", *Nature*, **548**, 16-17 (2017)；「統計学の大物学者が P 値の刷新を提案」Nature ダイジェスト，Vol.14, No.11, doi: 10.1038/ndigest.2017.171118

［13］菊川　要 訳：“統計的有意性を巡る重要な論争”, Nature ダイジェスト Vol.16, No.6 (2019) ; “It's time to talk about ditching statistical significance”, *Nature*, **567**, 283 (2019). doi: 10.1038/d41586-019-00874-8
［14］R. L. Wasserstein, A. L. Schirm, N. A. Lazar: “Moving to a world beyond p < 0.05”, The American Statistician, Vol.3 (sup1), 1-19 (2019), DOI: 10.1080/00031305.2019.1583913
［15］“Scientists rise up against statistical significance”, *Nature*, **567**, 305-307 (2019), https://www.nature.com/articles/d41586-019-00857-9 doi: 10.1038/d41586-019-00857-9

§40　国際標準

1990年の旧JIS Z8103において**誤差**は「測定量の真の値が存在する範囲を示す推定値」と定義されていた．**誤差**から**不確かさ**への用語の変更は，上本道久の著書[1]によれば，「計測における不確かさの表現ガイド(GUM，Guide to the expression of uncertainty in measurement)」(1995年)に基づく「ISO/IEC Guide98-3」(2008年)が規格化され，それと前後してJIS K 0211(分析化学用語)，JIS Z8103(計測用語)によって「測定の結果に付記される，合理的に測定量に結び付けられ得る値のばらつきを特徴づけるパラメータ」と新しく定義されたことによる．測定値は，平均 $\pm\sigma_{n-1}$ という形式で表さなければならなくなった．測定回数も付記すべきである．

こうした国際規格等の改訂に対しては，徒(いたずら)に追随することは避けるべきである．上本はその背景にある考え方[2]の理解を目指すべきだとする立場をとっているが，本書も同じ立場である．なぜなら，JIS規格[3]における不確かさの定義を例にとっても，分野によって異なる定義が存在するからである．**正確さ**(accuracy)と**精度**(precision)という用語(化学分析，JIS K0211：1987)は，分野や時代によって，それぞれ，**精度**と**精密さ**(物理計測，JIS

Z8103:2000)，**精確さ**と**精度**（化学分析，JIS K0211:2005）などと変遷しており，異分野間の整合性はない．計測値を商取引に使うのであれば，国際間の商取引ならばISO規格，国内の商取引ならばJIS規格に合わせる必要があるが，研究においては国際ルールに従う必要はない．

ISO規格やJIS規格がこれだけメートルやSI単位に統一されていても，航空機は米国連邦航空局（FAA）のルールに従うのでフィートやマイルを用いる．航空機の電気配線は信頼性の低い無鉛はんだは用いない．家電のコンセントも100 Vもあれば230 Vもある．電源プラグもイギリスと欧州大陸では異なる形状を使用している．無理な規格化を志向するより，技術によって乗り越えることを考えるべきである．国際規格は，全世界で英語だけを強制的に使わせようとするようなものである．

鉱石を売る側の化学分析方法と買う側の分析方法とが違っている場合，金属含有量の分析結果が双方で異なり取引金額が決められないから分析方法のISO規格が使われる．第1次世界大戦直後には，売り手と買い手がそれぞれ異なる分析法で銑鉄を分析し，硫黄の含有量が契約値を満たしている・満たしていないと裁判で争った「銑鉄一千万円事件」[4]が契機となってJIS法の前身のJESの中に分析法が制定された．今ではシリコンウエハを商取引する際の分析法に至るまで細かくISO規格やそれと同等なJIS規格が制定されているが，シリコンウエハX線分析のISO規格は，制定された時には技術がさらに進んで古い方法となってしまい，使われなくなった．

品質管理のような物理的な材料等が存在しない操作や手順であっても国際規格化して，その規格原案を提案した国への利益を誘導しようとする傾向が昨今は強くなっているから，規格制定の国際会議での安易な妥協は慎むべきである．ISO規格については2例を挙げる．

【例1】品質管理のISO規格

ISO9000シリーズの品質管理の国際規格にも問題は多い．ISOの番号や内容はしばしば変更されるので以下では「品質管理のISO」と呼ぶことにする．製品を他国へ輸出するためには，品質管理のISOを取得した工場でその製品を生産する必要がある．これだけなら，品質管理のISOは優れた制度であるように聞こえるが，そうではないことを以下では詳しく説明する．品質管理のISOは増殖する性質を持っており，子会社や関連会社にも取得を促す仕組みが規格の中に埋め込まれている．

品質管理のISOは元々イギリスの軍規格である．第2次大戦中に爆薬工場での爆発事故を防ぐために大いに効果があったため，戦後イギリスの品質管理規格BS5750となった．英軍規格で製造した爆弾ははたして必要なときに爆発したであろうか？ ジョン・セドン著『こんなISO9000はいらない』[5] によると，その検証はされていないという．根本的な問題を含み，とても国際規格にはなりそうにないというのが制定当時の多くの関係者の印象であったが，ヨーロッパ統合の波に乗ってあれよあれよという間に国際規格になってしまったという．

「品質」誌1990年4号の「品質保証の国際規格」[6] という特集号で，ISO9000制定委員会（正式な名称はテクニカルコミッティーTC176）に出席していた東大教授久米均は[7]，「ISO規格による認証登録制度は，どちらかというとわが国の品質管理活動とはあまり馴染まない．それはこの制度が買い手の立場からの品質管理であるのに対し，わが国の品質管理活動の主流は生産者の立場の品質管理であり，品質管理活動の中心は品質改善にあるからである．買い手の要求に合う製品やサービスを提供することが品質管理の出発点であることは言うまでもないことであるが，品質管理が企業の発展に大きく寄与するためにはこれだけでは不十分である．積極的に品質改善を行い，顧客の要求をより一層満たす製品やサービスをより経済的に提供する活動がなされなければならない．また，このような活動により企業が発展することは間違いのない事実である．現在のISO規格にはこの観点が欠落している．」だから「ISO規格の認証は，品質管理のレベルとしてはそれほど高い地位が与えられていない」と考えていた．同じ特集号で東大教授飯塚悦功[8] は「この規格の条文に合致するためにどの程度のことをすればよいのか気になるところではある．解釈のしようによっては，際限なく厳密な品質システムを要求されているようにも読める．日本の企業の大部分にとっては，実質的には十分に行われていると思われる事項ばかりである」「形式的な面を整えることに関心を払った方が良いかもしれない」「非関税障壁であるなどとつまらぬ非難を受けないために」ISO規格を満たすことは重要だと言うことである．すなわちISO規格さえ満たしていれば多少品質が悪くても目をつぶって仕入れなければ日本側が非関税障壁だと訴えられると言うことであろう．それに対して同じ号に寄稿したIBM標準部長のエドナ・B・ジェイカス[9]は，「この領域において認証活動が危険なものとなるのは，認証すべきかどうかの結論が科学ではなく，むしろ解釈や個人的な判断によってくだされるからである」と批判的である．非関税障壁についても，「ECは，品質規格ISO9000をヨーロッパにおいてビジネスを行うための一つの条件とすることによって，国際貿易に対する大きな障壁を潜在的に築いた」という見方をしている．さらにジェイカスは「ISO9000の要求項目を満たすことは，多くの合衆国の製造業にとって最低限の品質システムを達成する意味しかないことは明確に理解されるべきであり」「ISO9000の要求事項をはるかに超えた品質プログラムをもつ製造業者にとって，かれらの品質プログラムをISO9000の形式に再修正することは，費用がかかるだけで，その製品価値を高めるものではなく，明らかにその顧客に何らの恩恵を与えるものでもない」と明確に反対している．

飯塚[8]によると，「品質改善に関しては日本が一歩先んじているとのことから，TC176の日本代表である久米均教授（東京大学）に強力な働きかけがあり，果たしてこのような内容の文書が国際規格になり得るものかどうか疑問を感じつつも，草案の提案をするなど積極的に参加した」ということである．セドン[5]によると「最初のメンバー投票で，日本がISO9000の採用に反対し，ドイツは多くの説得の後，賛成に回った」結果75％の賛成を得て「成功の証明もなく，イギリスの使用者の明らかな不満にもかかわらず，世界への拡大を開始した」．

品質管理のISO規格の「根底には，優れた人がルールを作り，そのほかの大半の人々はその通りに実施する」[10]という考えがあり，「日本的品質管理において重視される，他人に要求されようがされまいが，結局は自分のためになると信じて行われる，製品品質や品質システムの自主的な改善について」[10] ISO規格では無視されている．ISO規格は「こうした自助努力とは別世界の品質保証モデルである．」[10] 設計変更などを文書化し厳密に管理することを命令するのがISO規格である．このようなISO規格では，品質は最低限のラインで維持されるにすぎない．日本の品質管理とは相反する概念である．

ところが品質管理のISOを会社が取得して，かえって仕事が楽になったともらす，ある会社の研究開発部門の責任者がいた．品質管理のISO取得以前は「こんなニーズがあるので製品を開発してもらえないか」という提案が営業から来ると，製品の改良をしなければならず大変だったが，今では，「ISOの規則どおり，文書化してほしい」と要求すると，面倒な提案はどこかに消えてなくなるからだと言う．日本の製造業は，文書にできない顧客のニーズ（＝暗黙知）を営業が開発に伝えて，そのニーズにあった製品を世に送り出してきた．しかし，いまや製造業全体が「欧州化」してしまった．

積極的に自ら品質改善を行い，顧客の要求をより一層満たす製品を開発してきた製造業を品質管理のISOは破壊した．一方で審査員やコンサルタントという高い報酬の新たな雇用を生み出した．社内では人員を削減する一方で，役に立たないコンサルタントに高い報酬を支払う仕組みが品質管理のISOによって取り入れられたことになる．日本の製造業ではハブ企業から関連企業へと品質管理のISO感染が広まった．

ISOが軍隊式に強制したり罰則をドライビング・フォースとするのに対して，西堀榮三郎[11]や近藤良夫[12]の品質管理は，スポーツが苦しくても楽しいと感ずるのと同じ要素を仕事に取り入れ，人間性を尊重することによって高品質を生み出す，という考え方であり，日本式の品質管理を見直すべきである．

品質管理のISO規格は「計測機器の管理や検査の状態に関する要求事項の精緻さは，素直には賛同できないが，みごとである．要求に合致した製品または半製品が作られていることを証明するには，結局のところ，検査・試験で確認し，記録し，その結果を示すことによるしかないと考えているようである．」[10]と飯塚が述べるように，物理科学計測と品質管理との関係は大きい．

【例2】EPMAのISO規格

ISO規格の例としてEPMAを挙げる[14]．EPMA（イーピーエムエーと読む．electron probe microanalyzer，電子プローブX線マイクロアナライザー）は電子ビームによって励起された特性X線を結晶分光器によって元素分析する装置であるという定義があるにもかかわらず，エネルギー分散型X線検出器（EDXまたはEDS，energy dispersive X-ray spectrometer）が付属したSEM（日本国内ではセムと読むが国外ではエスイーエムと読む場合が多い．走査型電子顕微鏡，scanning electron maicroscope）をも含めてEPMAと呼ぶという定義が2006年のISO 23833によって決定され，結晶分光器が得意であった日本のEPMAは衰退した．

ISO 23833によればEPMAは「電子線プローブ微小部分析」という分析方法や分析装置を指し，technique of spatially-resolved elemental analysis based upon electron-excited X-ray spectrometry with a focused electron probe and an electron interaction volume with micrometer to sub-micrometre dimensions と定義されている．結晶分光器やエネルギー分散という分光・検出方法はどこにも定義されていない．ただ註としてThis instrument is usually equipped with more than one wavelength spectrometer and an optical microscope for precise sample placement.と記載されており，この註を読んだ日本の委員は結晶分光器の装置のみをEPMAと呼ぶべきだという日本側の主張が通ったものと誤解した．当時は「ISO規格によると，光学顕微鏡が付属していなければEPMAと呼んではならないことになった」というデマも日本国内ではまじめに信じられた．欧州が得意な安価で進歩の著しいSEM-EDXもEPMAに含めるというのがISO 23833であって，このことに気付かなかった日本はSEM-EDXで出遅れた．このような国際交渉では高い語学力も要求される．

EPMAは研究開発用の分析装置であって，それによって得られた分析値を基に製品の国際商取引をするために使う装置ではない．EPMAは本来国際規格に制定すべき方法ではないにもかかわらず，ISO委員を出した各国のメンツを立てるためにか，使うあてのない5つの「ガイドライン」を含む多くのISO規格を制定した．ISO規格の一番大きな問題は，制定した時代の技術を固定化することである．この分野の研究開発がストップした．日本では「国際」と名の付く制度を尊重する傾向がある．欧米は，ISO規格の何たるかがよくわかっているのでその後も開発が進行して，かつては日本が大きなシェアを占めたこの分野でいつの間にか中心は欧米へ移った．欧州が開発した装置の心臓部となるSDD素子をつけた電子線プローブX線微小部分析装置もISO規格ではEPMAと呼ぶことになったが，日本はSDDをつけたものはEPMAではないと誤解した上に，SDDは精度が悪いので開発の必要がないと誤解したため，新しい素子 SDD を真剣にとり合わなかった.

参考文献

［1］上本道久：『分析化学における測定値の正しい取扱い方，測定値を分析値にするために』, 日刊工業新聞社 (2011) p.67.

［2］上本道久：「検出限界と定量下限の考え方」, ぶんせき, 2010 年 5 月号 (2010) pp.216-221.

［3］JIS の場合，S と「規格」が重なるから，「JIS 規格」とは書かない．しかし，本書では「JIS 規格」と書くことにする．「XPS (X-ray Photoelectron Spectroscopy) スペクトル」というのと同様である．ISO 規格は「ISO 規格」と言う．

［4］古谷圭一：「大正前期の工業分析化学，いわゆる銑鉄一千万円訴訟事件について」, 化学史研究, **9**, 9-18 (1979).

［5］John Seddon：『こんな ISO9000 はいらない』西沢隆二訳, 日本図書刊行会 (2001). 同趣旨の書籍として，西沢隆二：『ISO マネジメントシステムの崩壊は，何故起きたか』, 近代文芸社 (2009)；森田　勝：『くたばれ！ ISO』(2006),『続くたばれ！ ISO』(2009), 日刊工業新聞社；山田明歩：『ISO 崩壊』, 築地書館 (2003).

［6］中條武志：「特集にあたって」, 品質, **20** (4), 282 (1990).

［7］久米　均：「ISO TC176 の活動」, 品質, **20** (4), 283-290 (1990).

［8］飯塚悦功：「ISO 9001 の品質システム要求事項」, 品質, **20** (4), 291-296 (1990).

［9］エドナ B. ジェイカス：「EC1992―認証，品質規格および合衆国におけるいくつかの対応」, 品質, **20** (4), 304-307 (1990).

［10］飯塚悦功：「日本的品質管理と ISO 品質保証モデル」, 品質, **22** (4), 371-377 (1992).

［11］西堀榮三郎：『石橋を叩けば渡れない』(新版), 生産性出版 (1999).

［12］近藤良夫：『QC 百話―野外工学のすすめ』, 日本規格協会 (1998).

［13］近藤良夫：『品質とモチベーション』, ㈱エディトリアルハウス (2009).

［14］河合　潤：「EPMA の定義と英和対訳版 ISO 規格へのコメント」, X 線分析の進歩, **43**, 33-48 (2012).

§41　寺田の法則

寺田寅彦は「同じ測定を独立に何回も繰返すとき，その観測値列の極大値（前後より大きい値，あるいは一続きの値）は平均して3～4回ごとにあらわれる.」という経験法則を報告した[1].

たとえば$\pi=3.1\underline{4}15\underline{9}2\underline{6}5358\underline{9}7\underline{9}323\underline{8}4\underline{6}2\underline{6}433\underline{8}32\cdots$は，0～9の10個の数字が等確率で出現する観測値と見ることができるから（一様乱数），極大値の間隔は平均して3～4回であることが直感的にわかる.「これを確率論的に証明しようとしたのが渡辺孫一郎氏や森口繁一氏らである. しかし，うまく行かない.」と赤攝也は述べた上[2]，海岸に打ち寄せる海の波では大波が3回目か4回目に来ることから，寺田の法則の正しさを確信して1949年[3]に数学的に証明したと述べている.

1チャネルがたとえば4秒の積算時間でX線のカウントを記録してゆくとき，数チャネルおきに極大が現れることに気付く実験者は多いはずである. 4秒を1秒にしても10秒にしても，数チャネルおきに極大が現れる.

高橋浩一郎[4]は，「1916年に寺田寅彦は，デタラメに近い現象の時系列の値について，極大から極大，または極小から極小の値の間隔の統計をとってみると平均的には3に近い値となることを実験的に示した. そして，地震や天気の周期に3とか4という見かけの周期が出てきても，それだけでただちにその周期があるとはいえないことを指摘した. それは，亀田豊治朗，渡辺孫一郎などの数学者により，確率論的にいえることが証明された.」と述べている.

気象学者の高橋浩一郎は22歳の物理学科学生であった「1935年に，不規則な振動から，振動体の周期や減衰比を求める方法に思い到った. すなわち，ある任意の時刻の偏位と，それからある時間後の偏位の相関係数を求めてみると，その値の時間変化は，もとの振動体の自由振動になり，したがって周期や減衰化が求められる. これは，1次《元》の振動方程式の場合には，数学的に証明できることであり，現在の言葉でいうと，自己相関係数であった.」と述べている[4].

赤と高橋の記述には**寺田の法則**を誰がいつ証明したかということについては矛盾があるが，ブラウン運動や株価の変動など，フラクタル性を示す現象の時系列解析においては，見かけの周期に惑わされないように注意すべきことがわかる.

参考文献

［1］T. Terada: Apparent periodicities of accidental phenomena, Tōkyō Sūgaku-Buturigakkwai kizi (Proceedings of the Tōkyō Mathematico-Physical Society), (1916).

［2］赤　攝也：『確率論入門』, ちくま学芸文庫 (1958, 2014) pp.318-321.

［3］赤　攝也：いわゆる寺田の法則について，数学, **2** (3), 263-267 (1950). https://doi.org/10.11429/sugaku1947.2.263

［4］高橋浩一郎：『デタラメを科学する，カオスの世界』, 丸善 (1989).

§42　Tsallis エントロピー

通常の熱力学で用いられるエントロピー(ボルツマン・ギブズ・エントロピー)が加算的であるのに対して，Tsallis (ツァリス) エントロピー[1]は，1988年に提案されたもので，

$$S(A+B) = S(A) + S(B) + (1-q)\,S(A)\,S(B) \tag{42.1}$$

のように非加算的 (non-extensive) な項 $(1-q)\,S(A)\,S(B)$ が付け加わるのが特徴的であり，最近，さまざまな分野で使われ始めた[2]. ここで A, B は系 $A+B$ の部分系を表す. 相互作用のない希薄な理想気体の場合，すなわち A

と B が統計的に独立な場合には，通常の加算的なボルツマン・ギブズ・エントロピーを使うことができるが，静電気力のように遠くまでクーロン力が及ぶ荷電粒子気体の熱力学を扱う場合には非加算的なエントロピー項の効果が大きくなることが知られている．

たとえば地震の場合，地震の大きさに対して頻度を対数プロットすると直線になり，巨大地震ほど稀になることが知られているが，一方で，巨大地震が起こると，直後に他の地震を誘発することも知られており，地震発生は独立ではなく，相互作用があることも知られている．これが静電気力と同じ遠隔相互作用である．

Tsallis エントロピーを表す式 (42.1) から導かれる理論式は多いが，わかりやすいのは，$q \to 1$ のとき

$$[1+(1-q)x]^{\frac{1}{1-q}} \to \exp(x) \tag{42.2}$$

となることである．これは数学でよく知られた $\lim_{n\to\infty}\left(1+\frac{x}{n}\right)^n = e^x$ という式の変形であり[3]，$q=1$ のときには Tsallis のエントロピーは加算的なボルツマン・ギブズ・エントロピーになる. 実際, 式 (42.1) で $q=1$ とすれば $(1-q)\,S(A)\,S(B)=0$ となる. Iwasaki らは，式 (42.2) の置き換え，すなわち，$\exp\left(-\frac{\hbar\omega}{kT}\right)$ を $\left[1+(1-q)x\right]^{\frac{1}{1-q}}$ で置き換えることを Bose-Einstein 統計に応用して，シンクロトロン放射光のエネルギー・スペクトル (光子はボゾンの理想気体である) がプランクの黒体放射の式で $q=1.05$ とすると，**図 42.1** (A) に示すように，縦軸，横軸ともに 15 桁にわたって一致することを示した[4]．図 42.1 (B) は黒体放射 ($q=1$) とシンクロトロン放射光との比較である．図 42.1 (A) のように広い範囲で一致する本質的な理由はわからないが，縦軸，横軸とも 15 桁にわたって一致するという事実は，何らかの物理的に未知な意味があると考えられる．

光吸収も指数関数で表されるが，試料中に特異な元素が共存していて，Lambert-Beer の法則[5]に従わない場合には，式 (42.2) の置き換えがうまくゆく場合がある[6]．

このように，$\exp(x)$ によるフィッティングがうまくゆかない場合，$\left[1+(1-q)x\right]^{\frac{1}{1-q}}$ に置換してみると新しい見方が開ける可能性がある．遠距離相互作用の存在を無視していたことに気付く場合もある．熱力学・統計力学では

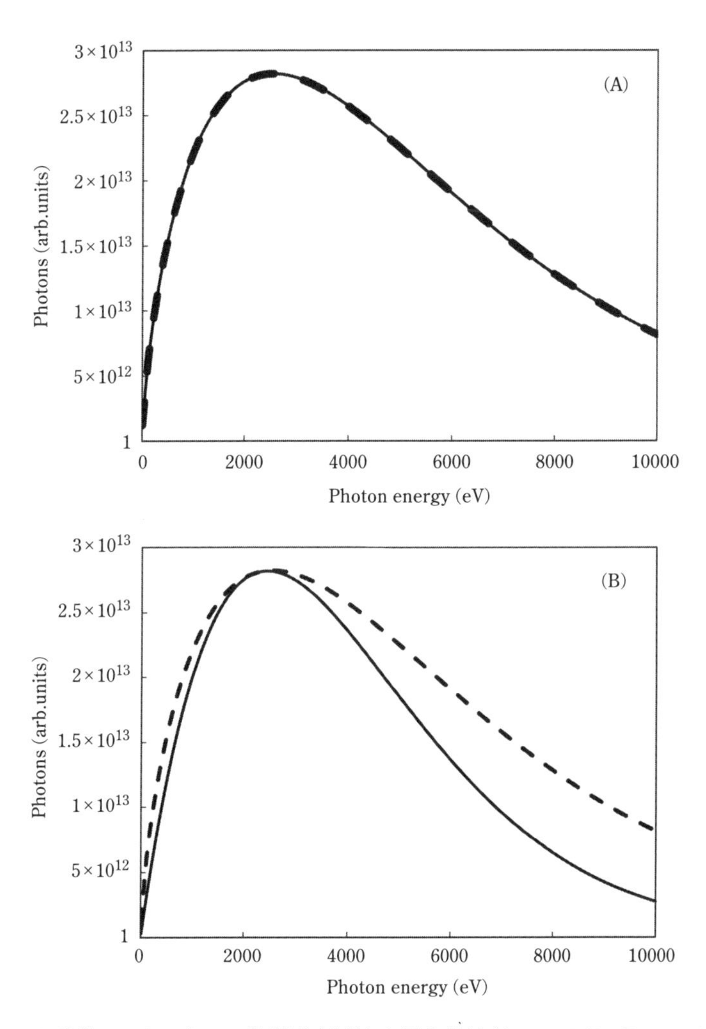

図 42.1　理論的シンクロトロン放射光（破線）と黒体放射（A：$q = 1.05$，B：$q = 1.0$，黒体放射）（実線）との比較（岩崎ら[4]から引用）.

$\exp\left(-\dfrac{E}{kT}\right)$の形の関数が多くの場面で現れる．従来，実験データを指数関数で最小２乗フィッティングしてきた分野へ Tsallis エントロピーを応用すれば，系を構成する「分子」間相互作用の強さをパラメータ q として表すことになる.

Tsallis エントロピーを用いた統計学を一般に「q 統計」と呼ぶ.

参考文献

［1］C. Tsallis: *Jouenal of Statistical Physics*, **52**, 479 (1988).

［2］C. Tsallis: "Introduction to Nonextensive Statistival Mechanics", Springer, NY, 2009, p.38; Tsallis エントロピーを扱った成書として，Jan Naudts, "Generalised Thermostatistics", Springer (2011) ; 須鎗弘樹：『複雑系のための基礎数理，べき乗則とツァリスエントロピーの数理』, 牧野書店 (2010).

［3］高木貞治：『解析概論』改訂第三版, 岩波書店 (1938, 1961) p.21.

［4］H. Iwasaki, J. Kawai, K. Yuge, Á. Nagy: Similarity between blackbody and synchrotron radiation analyzed by Tsallis entropy, *X-Ray Spectrometry*, **41**, 125-127 (2012).

［5］合志陽一　編著：『化学計測学』, 昭晃堂 (1997). Lambert-Beer の法則とは，$I = I_0 \exp(-\varepsilon c l)$，ここで I_0 は入射光強度，I は透過光強度，ε は比例係数（モル吸光係数），c は濃度，l は光路長である．厚さ l の物体中で，$[x,\ x + dx]$ の微小厚さに吸収される光が，濃度 c，厚さ dx に比例するとすれば，$I(x) - I(x + dx) = \varepsilon c I(x) dx$ となるから，

$$\frac{I(x+dx)-I(x)}{dx} = -\varepsilon c I(x)$$

となり，この微分方程式 $\frac{dI}{I} = -\varepsilon c dx$ を解けば $I = I_0 \exp(-\varepsilon c l)$ が得られる．ラムベルトの『測光法 (Photometrica)』(1760) の一部は誤差論に当てられており[7]，(i) 誤差の絶対値は有限，(ii) 絶対値の大きい誤差の個数は少ない，(iii) 異符号の誤差の確率は等しいなどの一般則を用いて，「外れ値」を棄却する必要性を証明した．

［6］河合　潤，岩崎寛之，Á. Nagy:「Tsallis エントロピーを用いた蛍光 X 線マトリックス効果の解析」, X 線分析の進歩, **42**, 350-362 (2011).

［7］安藤洋美：『最小二乗法の歴史』, 現代数学社 (1995) pp.28-30.

§43　鉄化合物の化学状態

鉄化合物は多様である．鉄の最近接原子が酸素となる酸化物に限っても，酸化数2価，3価のものがある．また鉄イオンを中心に見ると，正八面体(octahedron)の頂点に6個の酸素が位置するもの(O_h 対称6配位)，正四面体(tetrahedron)の頂点に4個の酸素が位置するもの(T_d 対称4配位)がある．酸素以外の元素が隣接する化合物で有名な化合物は，フェロシアン化カリウム $K_4[Fe(CN)_6]$ やフェリシアン化カリウム $K_3[Fe(CN)_6]$ のようなシアン基(CN^-)が Fe に O_h 対称に6配位した化合物(CN は C が Fe に結合している)，ヘモグロビンのように窒素が平面四配位したもの，フェレドキシンのようにサイコロの頂点を Fe と S が交互に占めるものもある．フェレドキシンは根粒菌が持つ窒素固定酵素の主要構造であるが，サイコロ型からの立体的な歪みと，4個の Fe 原子の酸化数比 $Fe^{2+}:Fe^{3+}=1:3$，$2:2$，$3:1$ とが対応していると思われる．

このような金属原子と炭素，窒素，酸素などの結合を扱う理論を結晶場理論と呼んだり，配位子場理論[1]と呼ぶ．「結晶場理論」は，Van Vleck が1932年に錯体の磁気モーメントを説明するために提案した理論である[2]．金属イオンの周りに6個の点電荷を配置すると，金属イオンの周りに何もなかったときには同じエネルギー(これを縮退しているという)であった $3d$ 軌道が，球対称→ O_h 対称へと対称性が低下し，$3d$ 軌道の縮退が解けて分裂する．現代風の気取った言い方なら，原子の全電子波動関数を O_h 対称場へ射影したものが結晶場理論になる．

「配位子場理論」は Pauling が1931年に提案した理論で[3]，有機化合物の sp^3 混成と同じように $3d4s4p$ 軌道の混成を導入する考え方である．現代の配位子場理論[1]は，多電子波動関数の分子軌道理論に基づいたもので，Van Vleck の多電子理論を分子軌道へ拡張したものであって，Pauling の「配位子場理論」そのものとは大きく異なる．

鉄の5重縮退した$3d$軌道は，O_h対称のとき浅いe_g軌道（2重縮退）と深いt_{2g}軌道（3重縮退）の2つの準位に分裂する．T_d対称のときは，浅いt_2軌道（3重縮退）と深いe軌道（2重縮退）に分裂する（この様子を**図 43.1**に簡略化して示した）．

鉄の$3d$軌道は，正八面体の中心に位置するとき（O_h対称のとき），2つのd軌道が正八面体の頂点に位置する酸素原子の方向を向き，酸素の原子軌道と鉄の$3d$軌道の反発が大きくなって軌道が不安定化し，エネルギーが浅くなる．残りの3個の$3d$軌道は，酸素をよける方向を向いてエネルギーが安定化する．ちょうど磁石を近づけたときの反発の方が少し遠い磁石の反発より強いのとよく似ている．正四面体の場合（T_d対称のとき）には，$3d$軌道のうちの3つは，酸素の方向を向いて反発が大きくなり，残り2つのd軌道は酸素原子を避ける方向を向く．正四面体と正八面体とで，相補的な（裏返しの）関係にあると言うこともある．

酸化物の場合，Fe と O の軌道の重なりは小さく（軌道混成が小さい），Fe–O 結合はイオン結合的ということができるので，e_gとt_{2g}またはt_2とeのエネルギー分裂幅は小さい．具体的には1.5 eVというような分裂幅である．また重なり積分は0.1くらいである．これを配位子場が弱いとか結晶場が弱いという．自分自身と完全に重なったときの重なり積分は1.0である．

一方，Fe と CN 基との軌道の重なりは大きいので，共有結合的で強固である．したがって猛毒のシアンが$Fe(CN)_6$から遊離することはあまり心配しなくてよい．Fe の$3d$軌道と CN のsp軌道間の相互作用が強いのでe_gとt_{2g}の軌道分裂は大きい．強い磁石を近づけすぎると反発力が大きくなるのに似たイメージを連想させる．これを配位子場が強いとか結晶場が強いと言う．この様子を模式的に表すと**図 43.2**のようになる．結晶場理論は Fe と酸素や CN 基などの配位子がイオン的で軌道が混成しないとする単純な理論，配位子場理論は中心金属（Fe）と配位子の間に分子軌道が形成されるとして扱う理論である[1]．Pauling の配位子場理論を多電子波動関数（たとえばスレーター行列式）にまで拡張したのは1950～1960年代の田辺・菅野ら[1]に代表される日本の光物性研究者の寄与である．Tanabe-Sugano ダイヤグラム（1954）は，レーザー

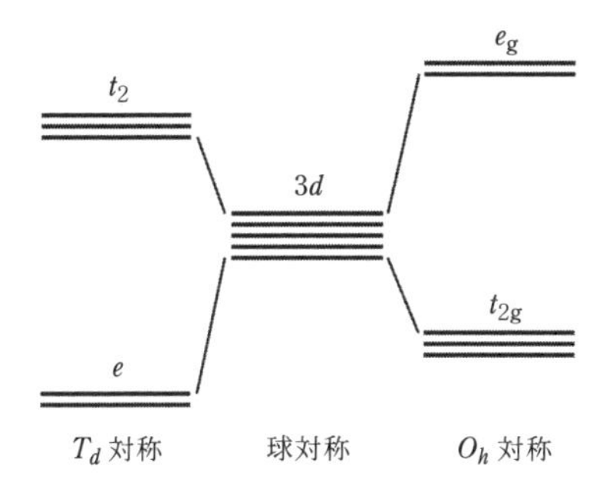

図 43.1 原子(球対称)では5つの$3d$軌道は縮退している(同じエネルギーを持っている)が，対称性が四面体や八面体に低下すると，2つのグループに分裂する．金属イオンの周りに電荷が球対称に均等に囲んでいるときと，対称性が四面体や八面体に低下したときとは，軌道が分裂してもその重心は変わらない．

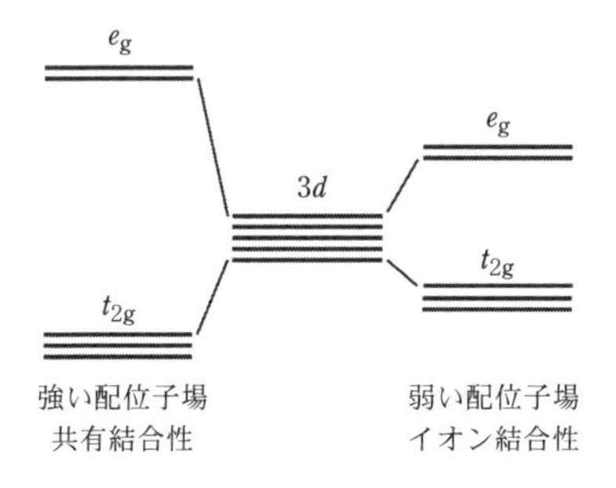

図 43.2 正八面体の場合の強い配位子場と弱い配位子場の模式図．

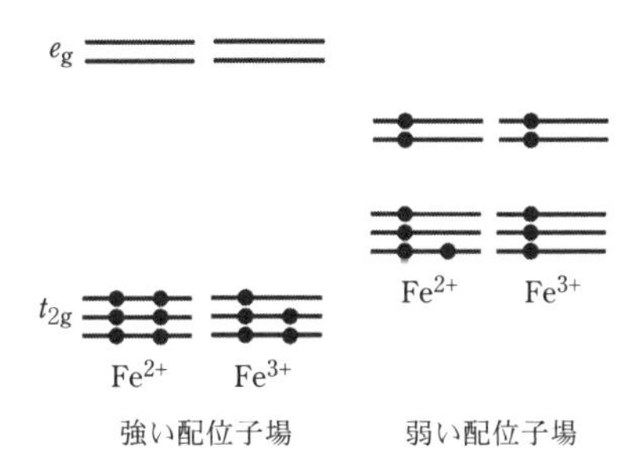

図 43.3 分裂が大きい$3d$軌道と分裂の小さな$3d$軌道へ，フントの規則によって電子を詰めるときの電子配置．

開発の指針を示したとも言われている[4].

Feの2価と3価の$3d$軌道電子数は，形式的にそれぞれ6個と5個なので，**図 43.3** に示すように分裂した$3d$軌道へ電子を深い軌道から順につめてゆくと，強い配位子場の化合物の場合には，フント(Hund)の規則に従って高い準位のe_gへ電子を入れるより，多少窮屈でも低い準位へ電子を詰め込んだ方が安定し，結果的に電子スピンは↑と↓の多くが対になって低スピン錯体となる．一方，弱い配位子場の化合物では，分裂が小さいので，ギャップを飛び越えて上の準位に↑の電子をできるだけ多く詰め込んでフントの規則に従う電子の入れ方の方が安定となる．したがって高スピン化合物となる．

フントの規則とは，スピン多重度の最も高い状態がエネルギー的に最も低くて安定だという一般則で，電子スピンが原子内ではできるだけ同じ方向を向こうとする(平行スピンになろうとする)性質である．スピンが平行な2個の電子は空間的に同一の場所を占める確率が少ないからである[1]．電子の軌道角運動量の和も最大になろうとする性質も含めてフントの規則と呼ぶ．

なお$[Fe(CN)_6]^{3-}$のような塊を錯イオンと呼ぶ習慣があるが，$[FeO_6]^{9-}$は塊とは言えず，Fe原子の隣のO原子はその向こうのFe原子とも同じ結合強度でつながってゆくので，$[FeO_6]^{9-}$だけを取り出して錯イオンとは呼べない．ただし中心金属の磁気モーメント(すなわち不対電子数)は，$[FeO_6]^{9-}$のような最近接原子を考慮するだけで説明できる場合が多い．

マグネタイトFe_3O_4は，Fe^{3+}は四面体と八面体の中心に半数ずつ，Fe^{2+}は八面体の中心に位置する(**図 43.4**)．結晶内で隣接するFe^{3+}やFe^{2+}の磁場の向きは温度により規則性が現れたり消えたりする．なお電子スピンとは電子の自転のことで，電荷の自転は周回電流であるから，コイルに電流が流れて電磁石に磁場が発生することと同じだと考えることができる．正電流の回転の向きを右手親指の向いたベクトルの矢印で表している[5]．鉄原子を1個の磁石と考えて，酸素を挟んだ鉄原子磁石間の相関を遠方まで考慮するのが固体物理や統計物理であるが，本稿ではこのような磁性は考えないで，Feの第一近接原子までしか議論しないことにする．隣接スピンの相関，混合原子価(酸化数)状態，混合配位数，酸素欠陥，水酸化物なども考慮すれば，鉄酸化物というだけでも無限ともいえる化学状態が存在する．

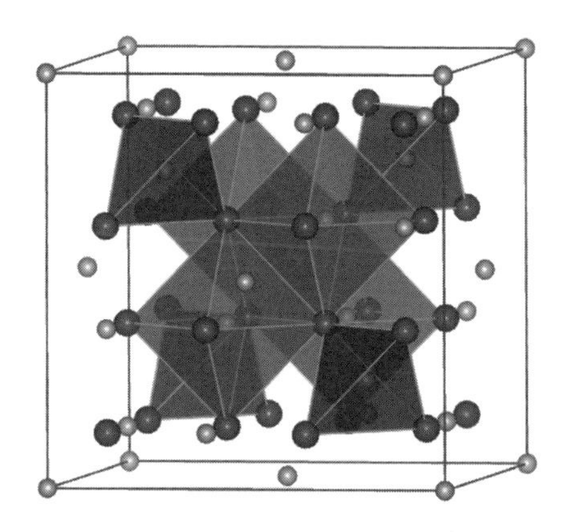

図 43.4 Fe_3O_4 の逆スピネル構造．鉄イオンを小球，酸素イオンを大球で表してある．

参考文献

[1] 上村　洸，菅野　暁，田辺行人：『配位子場理論とその応用』，裳華房 (1969, 1997).

[2] J. H. Van Vleck: Theory of the variations in paramagnetic anisotropy among different salts of iron group, *Phys. Rev.*, **41**, 208-215 (1932); J. H. Van Vleck: "The theory of electric and magnetic susceptibilities", Oxford University Press (1932).

[3] L. Pauling: The nature of chemical bond. Application of results obtained from the quantum mechanics and from a theory of paramagnetic susceptibility to the structure of molecules, *J. Am. Chem. Soc.*, **53**, 1367-1400 (1931) .

[4] 小島憲道：辻川郁二先生を偲んで，低温物質科学研究センター誌 (LTM センター誌), **11**, 57-58 (2007)；http://repository.kulib.kyoto-u.ac.jp/dspace/bitstream/2433/153203/1/LTM-11_57.pdf

[5] 河合　潤：『量子分光化学』増補改訂，アグネ技術センター (2008, 2015).

§44　酸化鉄の化学状態分析

近年，シンクロトロン放射光の普及に伴い，X線吸収分光法が化学結合状態の分析に利用されることが多くなった．また従来からもX線光電子分光法は，化学状態，すなわちFe^{2+}かFe^{3+}かを分析するための分光法として使われてきた．しかし結論から先に述べると，X線を照射することによって原子の内殻に空孔を発生させる分光法によっては，鉄化合物の微妙な化学状態を知ることは難しいと考えた方が良い．内殻に空孔を発生させることは摂動として価電子に与える影響が大きすぎるからである[1]．内殻空孔を発生させて，価電子の応答を見るのがX線分光学的な方法であるが，そういう方法よりも，X線回折法やラマン分光で構造を見たり，メスバウワー分光や核磁気共鳴で価電子が原子核に与える影響を見る方が化学状態分析には適する場合が多い．あるいは微小部元素分析によってFe：O比が1：1か2：3かを調べる方が，Fe^{2+}かFe^{3+}かを決めるのに適する場合が多い．

キュリー温度を内殻分光法で決めようとすると，実際の温度より数百度も高温の値になることが多い．$1s$や$2p$軌道などの内殻空孔を生じさせて化学状態を測定するX線吸収分光（XAFSのうちでも特にXANES），X線光電子分光法（XPS）などの内殻分光法では，以下で述べるように，微妙な化学状態の区別が本質的に不可能だからである．

一般則として，機能材料ほど化学状態分析が難しい傾向がある．

なおX線吸収分光は原子の内殻軌道→空軌道（伝導帯）への電子遷移を測定する分光法で，伝導帯の形から化学状態がわかることになっている．ラマン分光法は原子の振動によって構造を推測する方法であり，X線回折が得意とする長周期の構造はわかりづらい．

図44.1は，DV-Xα法[2]という分子軌道計算法の一種で計算したFeOとFe_2O_3の基底状態と$1s^{-1}$空孔状態の電子状態密度をプロットしたものである．

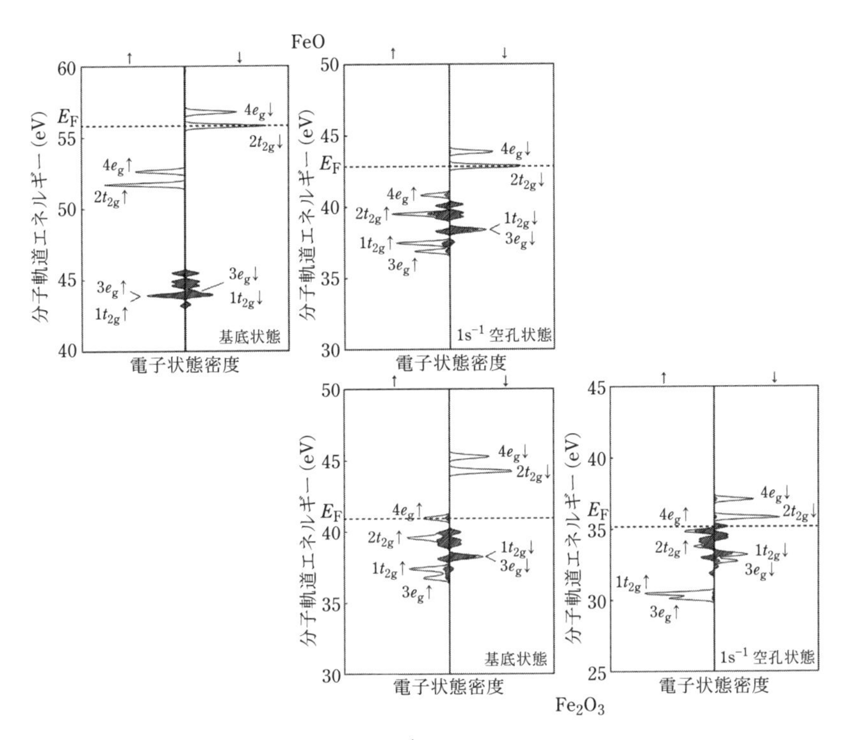

図 44.1　FeO と Fe_2O_3 の基底状態と $1s^{-1}$ 空孔状態の電子状態密度の DV-Xα 計算結果. 20 年前に文献[3]に報告した計算を，最近もう一度やり直した結果.

酸素 $2p$ の状態密度を灰色部で示してある. FeO の基底状態のプロットを見ると，酸素 $2p$ 軌道は 2～3 eV 広がり，$3d$ 軌道は 2：3 の電子数で 1.5 eV 離れた浅い e_g 軌道と深い t_{2g} 軌道に分裂していることがわかる. また $3d$ 軌道の↑スピンと↓スピンとは，4 eV くらいエネルギーがずれていて，↓スピンの t_{2g} 軌道の途中まで電子が詰まっていることがわかる. コップに水を入れたときの水面に相当するエネルギーをフェルミエネルギーと言うが，フェルミエネルギー (E_F) の値が 0 eV ではなく，数十 eV プラスになっているのは，DV-Xα 法で分子軌道を計算するときに，$[FeO_6]^{10-}$ や $[FeO_6]^{9-}$ というクラスターイオンの電子状態を計算するからである. FeO_6 という小さな場所に 10－ や 9－ となるほど余分に電子を詰め込んだ計算をしているので，電子どうしの反発が大きくて，エネルギーが高くなっている. 10－ (2 価) の方が，電子の 1 個少ない

9－(3 価) より E_F が押し上げられてより高いエネルギーになっているのもわかる．遷移金属酸化物の $3d$ 電子どうしのクーロン反発エネルギーは 10 eV くらいである．

図 44.1 では，FeO の Fe $1s^{-1}$ 空孔状態と Fe_2O_3 の基底状態とを縦に並べて示したが，この 2 つのプロットが良く似ているのに気付くはずである．一方，Fe_2O_3 は基底状態と $1s^{-1}$ 空孔状態ではあまり変化がない．これがすなわち X 線を使って内殻空孔を生成させる分光法では，FeO と Fe_2O_3 の区別がつかない理由である．

DV-Xα 法は精度があまり良くないと言われているが，直感的な結果が得られるため，計算結果は理解しやすい．計算精度を上げた場合に，計算結果がどうなるかをチェックする意義は大きいが，計算精度を高くすると，結晶を有限の大きさで切り取った影響によって，計算が収束しなくなるなどの問題が生じる場合が多く，高精度計算が必ずしも優れているとは言えない．

金属ではフェルミエネルギー (E_F) 近傍の電子準位が連続的であるため，フェルミ-ディラック分布や電子系の化学ポテンシャル ($\mu = -\Phi = -E_F$ の関係がある，ここで Φ は仕事関数) など統計力学的な物理量が意味をもつ．絶縁体の場合には，軌道準位は離散的であり，常温付近でも電子は上の準位に励起されず凍結したままなので，統計力学的に扱う必要はなく，分子軌道を考えるだけでよい[4]．これが，DV-Xα 分子軌道計算が物理化学現象を矛盾なく説明できた理由である．

参考文献

［1］河合　潤：『量子分光化学』増補改訂，アグネ技術センター (2015) 第 7 章．

［2］足立裕彦：『量子材料化学の基礎』，三共出版 (2017)．

［3］J. Kawai, C. Suzuki, H. Adachi, T. Konishi, Y. Gohshi: Charge-transfer effect on the line width of Fe Kα x-ray fluorescence spectra, *Phys. Rev.*, **B50**, 11347-11354 (1994)．

［4］表面科学会編：『表面化学の基礎』現代表面科学シリーズ 2，共立出版 (2013) 第 3 章，p.80.

§45　酸化鉄のイオン結合性・共有結合性と酸化還元性

§44 で Fe-O 結合はイオン結合的だと述べたが，**図 44.1** を詳しく見ると，FeO と Fe_2O_3 のより細かな違いを理解することができる.

FeO と Fe_2O_3 の基底状態を比較すると，FeO では Fe 3*d* 軌道と O 2*p* 軌道の重心が 5 eV 離れており，イオン結合的である．一方で Fe_2O_3 は Fe 3*d* 軌道を主成分とする分子軌道と O 2*p* 軌道を主成分とする分子軌道のエネルギーが接近していることに気付く．↑スピンと↓スピンの Fe 3*d* 軌道に挟まれたエネルギー位置に O 2*p* 軌道があるようにも見える．図 44.1 の計算は，Fe-O 原子間距離を 2.1 Å に固定して，FeO_6 クラスター内の電子数だけを変えて計算した結果である．Fe 3*d* と O 2*p* 軌道の重なりは原子間距離に依存するが，電子が 1 個増えただけでは軌道の重なりはほとんど変化しない．それにもかかわらず Fe 3*d* 軌道と O 2*p* 軌道のエネルギーの上下関係が FeO と Fe_2O_3 で逆転したこ

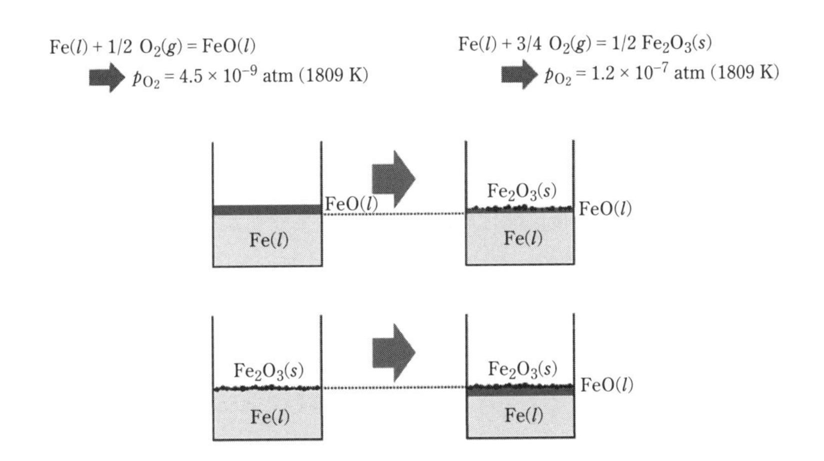

図 45.1　Fe (*l*) 液面に FeO (*l*) 酸化層がある場合と，Fe_2O_3(*s*) 酸化層がある場合の表面酸化層の成長.

とがわかる．この逆転はまだ完全ではなく，Fe_2O_3 では軌道混成が強くなっていることがわかる．FeO も Fe_2O_3 もイオン結合的ではあるが，FeO はよりイオン結合的，Fe_2O_3 はやや共有性が強いことを意味している．

2つの原子の原子軌道間に分子軌道が形成されるとき，原子軌道のエネルギーの差が分子軌道係数の分母になるので[1]，原子の軌道エネルギーが接近するということは，重なり積分が変わらなくても分子軌道係数が大きくなって共有結合性が増大することを意味している．

FeO にX線を照射すると，内殻に空孔ができている間だけ，これは 10^{-16} 秒くらいの非常に短い時間であるが，共有結合性が Fe_2O_3 なみに強くなることも図44.1の計算は意味している．したがって，内殻空孔を作って FeO を観察すると，Fe_2O_3 のように強い共有結合性を示すスペクトルを観察することになる．

ところで，Fe^{2+} と Fe^{3+} の常温(298K)における溶解度を調べてみると，$Fe^{2+} + H_2O = FeO + 2H^+$ では $[Fe^{2+}] = 2.2 \times 10^{11} [H^+]^2$ なので，pH = 7 では $[Fe^{2+}] = 2.2 \times 10^{-3}$ mol/L となるが，$Fe^{3+} + \frac{3}{2}H_2O = \frac{1}{2}Fe_2O_3 + 3H^+$ では $[Fe^{3+}] = 74 [H^+]^3$ なので，pH = 7 では $[Fe^{3+}] = 7.4 \times 10^{-20}$ mol/L となる．すなわち定量的な議論は分子軌道計算からは無理であるが，FeO はイオン結合的，Fe_2O_3 は共有結合的という図44.1の電子状態計算の解釈は，定性的に2価の酸化鉄が3価の酸化鉄に比べて溶解度が高いという事実を良く表している．イオン結合性の物質は共有結合性の物質より水に良く溶ける．水は極性溶媒だから，Fe^{2+} と O^{2-} に解離して水和することが水への溶解の本質である．

高温で液体状態の Fe(l) 液面に FeO(l) 酸化層がある場合と，$Fe_2O_3(s)$ 酸化層がある場合に，その後，酸化層がどう成長してゆくかを熱力学的に予想すると図45.1のように模式的に表すことができる．FeO がイオン結合的であること，および，図44.1の FeO の電子状態密度のプロットを見ると，1個だけ $3d\downarrow$ 軌道に残っている電子が取れやすそうであることが予想できるが，FeO 自身が酸化されやすいこと，すなわち還元性が強いことの理解の助けになる．すなわち液体鉄 Fe(l) を覆った FeO は FeO 自身が酸化されて Fe の酸化は抑制される．一方 Fe_2O_3 は後述するように，Fe^{4+} まで酸化しようとすると Fe からではなく O から電子が取れてしまうので，むしろ電子を1個引き寄せて

Fe_2O_3 自身は還元される．したがってその下層の Fe (l) 層が電子を供給するので酸化が進行する．

4 価の鉄酸化物は実際には考えづらいが，図 44.1 の Fe_2O_3 の $1s^{-1}$ 空孔状態の計算結果を見れば 4 価の鉄の電子状態はだいたいこんなものではないかと予想することができる．すなわち，無理に 4 個の電子を Fe から引きはがそうとすると，Fe 原子から電子が取れるのではなく，酸素から電子が取れ始めることを意味している．4 価の酸化鉄は，鉄と酸素だけで実現することは難しいが，第 3 の元素を共存させることによって可能となるはずである．

化学的な常識からわかる溶解度，イオン結合性，酸化還元性などについて，結果を知ったうえで，電子状態計算結果が定性的にどのように解釈できるかを §44 と §45 において粗く議論した．

FeO はイオン結合性，Fe_2O_3 は共有結合性を持つが，$Fe(CN)_6$ に比べれば FeO も Fe_2O_3 もイオン結合的である．FeO は Fe $3d$ 準位の方が O $2p$ 準位より浅く，Fe $3d$ と O $2p$ のエネルギー差は大きい．Fe_2O_3 は O $2p$ の方が Fe $3d$ よりわずかに浅いが，エネルギー差はほとんどなく，強く混成して（鉄と酸素の原子軌道の混ざり方が大きくて）共有結合的である．これらのことは，FeO は水に溶けやすく，Fe_2O_3 は水に溶けにくいことを定性的にではあるが，電子状態までさかのぼって理解可能であることを示している．

FeO では Fe $3d$ 軌道が浅く，その電子が 1 個取れやすい（酸化されやすい），すなわち還元性が大きいという化学的性質を，電子状態という回りくどい言い方で示した．もちろん化学的な常識から理解したほうが早いし正確である．物事をいろいろな階層で理解することによってより深く理解し，材料設計への指針が見つかる可能性もある．Fe_2O_3 は↑スピン軌道と↓スピン軌道のエネルギーギャップがあって電子が取れにくく安定な化合物である．

参考文献

[1] 河合　潤：『量子分光化学』増補改訂，アグネ技術センター (2015) 第 4 章．

§46　キャラクタリゼーション

§43と§44で例示した化合物中の鉄原子の酸化数，配位数，スピン，結晶構造などの化学状態を知ることを「材料のキャラクタリゼーション」という．強磁性や反強磁性のように長距離的な周期構造や凝固組織などをキャラクタリゼーションの概念が包括する場合もある．表面とバルクとは化学的な活性なども異なるため，表面の化学状態分析を「表面のキャラクタリゼーション」と呼ぶ．

「キャラクタリゼーション」は1967年に米国のNational Research Councilによって定義された概念である．“Characterization describes those features of the composition and structure (including defects) of a material that are significant for a particular preparation, study of properties, or use, and suffice for the reproduction of the material.”(「キャラクタリゼーションとは材料の組成と構造さらに欠陥に関する情報を集めて特徴を把握し，それを記述することである．その特徴というのは材料の製造，それの物性研究あるいは応用化に当たり重要であり，かつ材料の再現性のある生産に十分役立つものでなければならない」と和訳されている[1]．

1960年代から1970年代にかけてマイクロビーム分析方法や表面分析方法が実用化されたので，物質に関してそれまで知ることができなかった新しい物質情報をポジティブに「材料の組成と構造さらに欠陥に関する情報」であるととらえがちである．ところが「キャラクタリゼーション」の定義にはむしろネガティブな意味が強い．1960年代に電子顕微鏡，電子分光，フーリエ変換赤外分光，NMR(核磁気共鳴)，質量分析などの高価な装置が出現して材料研究に使われ始めた．当時これらの装置は自動化されておらず，また装置の操作は複雑を極めたため，人手と時間と経費を桁違いにかけるようになった．「米国での議論は固体物性の研究にばく大な人手と時間と経費が掛かりすぎているとの反省から生じたもの」[1]であって，まず材料の組成と構造を明確にして，それを目標にして生産すれば同一の物性値を持つ材料を生産するには十分だろうとするものであった．無駄な物質情報を集めるのではなく，材料の生産に役立つ物質情報に限ろうという意味が「キャラクタリゼーション」にはある．このような裏の事情を知らなければ，NRCの定義の真の意味は理解できない．

NRCの定義にもかかわらず，1970年ごろから2000年頃までの30年間にわたって，表面研究，特に表面のキャラクタリゼーションにばく大な研究費がつぎ込まれた．ところが1990年代後半になると，表面物性の研究からは新触媒等の実用的なアウトプットがほとんど得られなかったという反省が出てきた．この結果，表面研究に対する研究費が日米で大幅に削減された．それと前後して，ナノテクノロジーにばく大な研究費がつぎ込まれるようになった．

1992年6月26日午前9時30分にK. Eric Drexlerはワシントン DCで，"Testimony of Dr. K. Eric Drexler on Molecular Nanotechnology before the Senete Committeeon Commerce, Science and Transportation, Subcommittee on Science, Technology and Space"と題する専門家証言を行った．電子レンジのような装置に安い材料を入れると2時間後には牛肉が合成可能なナノテクノロジーや,病気や老化を防ぐことができるナノテクノロジーに関するものだった．このドレクスラーの専門家証言は，Al Goreが副大統領となる5か月前であった．ナノテクノロジーが実現する時期を未来の副大統領アル・ゴアに質問されたドレクスラーは，「ナノテクノロジーの主要で大規模な応用が得られるのが15年後《すなわち2007年》だと言っても驚かない」と答えた[2]．ドレクスラーが1992年に証言する以前は，ナノテクノロジーと言えば，(i) 微小なエッチング技術や (ii) コンピュータチップなど大→小へのトップダウン製造技術を指していたが，ドレクスラーの専門家証言後は，(iii) ナノを積み上げる技術，(iv) 小→大へのボトムアップ技術へと変化した．ドレクスラーのナノテクノロジーに関する専門家証言は単なるSFに過ぎないと1990年代には誰もが考えていたが，2000年1月にクリントン大統領がナノテクノロジーの輝かしい未来を米国民にテレビで約束し[3]，数年後には実現可能な新技術とみなされるようになった．しかし，牛肉が製造できる「電子レンジ」は実現されておらず，ナノテクノロジーも色あせている．

参考文献

［1］鎌田　仁：『最新の鉄鋼状態分析』, アグネ (1979) p.3.

［2］E. Regis: "NANO!", Bantam Press (1995) pp.3-18.

［3］五島綾子：『〈科学ブーム〉の構造, 科学技術が神話を生みだすとき』, みすず書房 (2014) p.123. 帯には「教科書には書かれない, ブームの仕掛けと幕切れ」とある.

ベイズ統計とモンテカルロ法について

本書ではベイズ統計を扱わなかった. ベイズ統計に関する詳しい解説としてシャロン・バーチュ・マグレイン著, 冨永星訳, 『異端の統計学ベイズ』, 草思社 (2013) がある. ベイズ統計とモンテカルロ法には密接な関係がある.

§5 と §10 の引用文献でモンテカルロ法の始まりについて言及したが, 上のマグレインの本 (pp.397-399) では「モンテカルロ法が始まったのは, ロシアの数学者アンドレイ・アンドレヴィッチ・マルコフが変数のマルコフ連鎖を発明した 1906 年のことだった.」「第二次大戦中, マルコフ連鎖の存在は政府の検閲によって厳重に伏せられていた.」「後にノーベル賞を受賞した物理学者マリア・ゲッパート＝メイアーは, 中性子によって熱核爆発を引き起こすのに必要な臨界質量を算出するために, 問題の過程をマルコフ連鎖でシミュレーションした.」「そして 1949 年には, 規格基準局《現在の NIST》とオークリッジ国立研究所とランドが主催した, 物理学者がそれまで機密扱いだったさまざまな応用例の概略を数学者や統計学者に説明するという趣旨のシンポジウムで講演を行った.」「同じ年《1949 年》にニコラス・メトロポリスは, かの有名な『アメリカ統計学会誌』に, ウラムの賭博好きな叔父にちなんでモンテカルロ法と命名したこのアルゴリズムの論文を投稿した. ところがこの論文には統計学者向けの一般的な言葉を使った説明しか載っていなかった. 問題のアルゴリズムを近代的な形で表現した時にどうなるかという詳細は, 1953 年に Journal of Chemical Physics に発表された詳しい論文で漸く明らかにされ」「物理学者や化学者が他の分野に先駆けてモンテカルロ法を使うようになったのだった.」「1950 年代にはランドがモンテカルロ法に関する一連のレクチャーを展開し, 特別に作られたシミュレーション実験室で, 複雑すぎて数学的な公式を作ることができない問題を, モンテカルロ法を使って次々に検証していった.」

索　引

〔数字〕

1 回（分析）……33, 125
1 次のモーメント……9, 12
2 ちゃんねる……110
2 価の酸化鉄……166
2 次のモーメント……9, 12
3.29σ……136
3 σ……135
3 価の酸化鉄……166
3 回測定……20
3 次のモーメント……12
3 次関数……92
4 価の鉄酸化物……167
4 次のモーメント……12
9/10の高さの中点……13
10σ……135, 139

〔ギリシア文字〕

α（第1種の過誤）……137
β（第2種の過誤）……137
δ関数……73, 84, 112
π……24
σ_{n-1}……31
χ 平方（χ^2）分布……31, 56, 82

〔A〕

accuracy……145
acid……126
AI（ブーム）……38, 121, 124
AIC……92
algebrize……107
analyte……19
anion……132
anode……132
Articial intelligence……121
As_2O_3……134
auto correlation function……48
auto regression……49

〔B〕

BIC……95
bit……37
Blackman-Tukey……45, 46
blank……134
Boltzmann-Gibbs……42
Bose-Einstein 統計……154
Brillouin……38
Bromwitch……108
BS5750……147
B-T 法……45
Burg……44, 45, 46, 47, 52
byte……37

〔C〕

CAD……92
cathode……132
cation……132
Cauchy……59
central limit theorem……2
control……134
convolution……77
Cooley-Tukey……45, 46
Currie……136, 139

〔D〕

deconvolution……45, 47, 78
Doetsch……105, 106, 108, 110
Drexler……169
DV-Xα 法……162

〔E〕
EDS ……149
EDX ……149
EPMA ……149
Euler……106
Excel, EXCEL……15, 24, 25, 57, 83

〔F〕
FAA……146
$Fe(CN)_6$……167
Fe_2O_3……164, 167
Fe_3O_4……160
FeO……164, 167
Feynman……118
FFT法……45
flatness……12
Fourier ……8, 49, 67, 68, 70-72, 75, 101, 104, 112, 117
FWHM……4, 59, 83

〔G〕
GaAs 半導体工場……134
generating function……105
Gosset……32
Green ……91
GUM ……33, 145

〔H〕
Hamming ……76
HARK 行為 ……142
HCl……128
Heaviside……104, 106, 107, 111
Hughes ……83
HWHM……6

〔I〕
ICP-AES……29
ISO……33, 119, 136
ISO23833……150
ISO 感染 ……149
ISO11843-2 ……139
ISO9000 ……146
IUPAC ……136, 139

〔J〕
Jaynes ……44, 46
JES……146
JIS……119, 145
JIS K0211……145
JIS Z8103……145
JIS Z8401……120

〔K〕
Kelvin 卿 ……90, 100
knot……92
kurtosis ……13
k次のモーメント ……12, 96

〔L〕
lag ……26
Lagrange の未定乗数法 ……41
Lambert-Beer の法則……154
Laplace……2, 53, 69-71, 90, 99, 102, 103, 105, 106, 109, 110, 124
Lavenda……39
LCAO-MO……66
Liesegang……100
Liouville……90
LOD ……135

〔M〕
maximum likelihood……93
Maxwell-Boltzmann 分布……40
MEM……44, 46, 95
molecular orbital……66
moment……9
Mufn-Tin……69

〔n〕
$n-1$……29, 31
Nahin……104, 106, 111
NaOH……128
National Research Council……168
NHST……142

NMR……168
NRC……169
null hypothesis……140

〔O〕

O_h 対称……157
outlier……34, 55, 57
oxidation……126

〔P〕

p値……142
Pauling……157, 161
pH……128
precision……145
Proctor……62, 63
PSA……36
pseudo deconvolution……79

〔Q〕

Q（検定）……34
q 統計……155
QC 百話……151

〔R〕

R……142
random variable……4

〔S〕

sample……19, 20, 21, 143, 144
Savitzky-Golay…60, 61, 63, 64, 75, 86, 138
Sb 触媒……134
Sb_2O_3……134
SDD 素子……150
SDOM……31
Seddon……151
SEM……149
Shannon……38, 39
Sherwood……62, 63
Shewmon……91
significant……136
skewness……12
smoothing……63
specimen……19
spline……92
SPSS……142
standard error……31
Stirling……41, 43
Strum……90
Student……29, 31
Szillard……38

〔T〕

t 分布……29, 31
Tanabe-Suganoダイヤグラム……158
Taylor……32
TC 176……147, 148
T_d 対称……157
Thomson……90
Tsallis……153

〔U〕

underdetermined……42, 44

〔V〕

van Cittert……79, 80
Van Vleck……157, 161
VASP……124

〔W〕

Wiener……45

〔X〕

X線……59, 117, 149
X線回折……46, 137, 162
X線（吸収, 光電子）分光……89, 117, 162
XPS……46

〔Y〕

Yule-Walker……52

〔Z〕

Z（インピーダンス）……106
z 変換……53

〔あ行〕
赤池弘次……45, 94, 95
赤池の情報量基準……92
新しい現象の追求……141
新しい発見のヒント……35
アテズッポウ……113, 116
アドミッタンス……103
アナライト……19
アノード……132
甘利俊一……95
荒井紀子……121, 122, 123, 124
アル・ゴア……169
アルファ碁……122
アレニウス……127, 130
安全検査……36
アンチモン……134
安藤洋美……8, 156
暗黙知……149
アンモニア……128
飯塚悦功……147, 151
イオン化傾向……132
イオン結合的……158, 165
イオン交換膜……131
異常値……34
異常な事態……123
一様分布の分散……10
一様乱数……2, 4, 5, 17, 24
岩沢宏和……3, 8, 59, 98, 102
陰イオン……132
陰極……132
インダクタンス……106
インパルス(応答)……89, 117
インピーダンス……106
ヴェイユ……125
上本道久……14, 33, 36, 120, 139, 145, 151
打ち切り誤差……123
海の波……152
エキスパートシステム……121
エネカン……38
塩化水素……127
円環……68
塩基……127
遠距離相互作用……154
演算子……106
円周率……24
エンドウ豆……143
エントロピー……95, 103, 153
エントロピー最大……37, 40
応答……84
尾関徹……139
オッカムのカミソリ……93
オームの法則……71, 104
重み……40, 77
温度の平均化……69

〔か行〕
回帰……55
ガウシアン, ガウス分布…4, 85, 112, 113
ガウス……3, 4, 78, 90, 113
ガウス-ローレンツ混合関数……82
カオス……123
化学結合状態……162
化学状態(分析)……160, 162, 168
化学に苦手……126
化学ポテンシャル……164
拡散……85, 116
拡散方程式……68, 85, 99, 112
核磁気共鳴……162, 168
確証バイアス……143
逆たたみ込み……44
確率母関数……7, 14
過誤……21, 140
可算無限個……40
加重移動平均……60, 75
仮説検定……140
画像……44, 122
仮想実験……23
カソード……132
勝間和代……57
桂重俊……111
活量……133
価電子の応答……89
カノニカルアンサンブル……109
株価の変動……153

還元 ……126, 166
緩衝液 ……129
乾燥操作……19
観測値……2, 18
過塩素酸 ……128
感度 ……136
管理者の論理 ……141
擬陰性 ……141
機械学習 ……121
規格直交基底……67
棄却 ……34, 36, 140
期待値 ……7
北澤宏一 ……85, 91
基底関数(状態, ベクトル)……69, 82, 165
擬デコンボリューション ……78, 79
起電力 ……133
軌道混成 ……166
貴な電位 ……133
ギネスビール……32
機能材料……89, 162
ギブズ(ギブス)……42, 109, 153
帰無仮説有意差検定 ……140
逆演算 ……89, 90
逆温度 ……117
逆フーリエ変換 ……74, 78, 101
キャパシタンス ……106
キャラクタリゼーション ……168
キャリブレーション……20
究極の空間分解能……28
急峻……82
球対称 ……157
キュムラント母関数 ……7
キュリー温度 ……162
強塩基 ……127
境界層理論 ……106
強酸 ……127
教職課程 ……121
擬陽性 ……141
共存元素……35
共分散……97
共有結合 ……158, 166
極性溶媒 ……166
曲線定規……92
虚時間……99, 112
切り上げ ……120
切り捨て ……120
均一化(性) ……19, 20
金属精錬……85
金属を溶かす ……127
空間分解能……28
グーグル翻訳 ……122
クエン酸 ……127
駆動力 ……104
久米均 ……147, 151
クラスターイオン ……163
グランドカノニカルアンサンブル ……109
グリーン ……58, 84, 89, 90, 113, 114
繰り返し測定……15, 20, 33, 125, 144
クリントン ……169
グルノーブル……70
クーロン ……154, 164
黒端子 ……133
ぐんま天文台 ……105
蛍光X線……81, 134, 137
形状 ……19, 21
計測における不確かさ……33, 145
計測用語 ……145
桁数……37
けちの原理……93
欠陥 ……160, 168
結晶構造 ……168
結晶場 ……157, 158
結晶分光器 ……149
ケルヴィン卿(ケルビン卿)……90, 100
原因解明……35
検索エンジン ……121
原子軌道……66
原子吸光分光分析 ……134
検出下限(限界) ……135, 144
原子力開発……18
減衰振動……59, 101
検体……19
検定……34, 125, 143
顕微鏡画像観察 ……143

小出昭一郎……70
高温腐食……85
工業製品……20, 141
光源強度……23
高次のモーメント……13
高周波成分……69, 73
合志陽一……57, 80, 144
高スピン……160
校正……20
高精度……18
構造……168
剛体の重心……12
光路長……156
コーシー分布……59, 101
国際間の商取引……146
国際規格……33, 146
国際交渉……150
国際純正および応用化学連合……136
国際標準……125, 136
国際ルール……146
黒体放射……154
誤差……33, 145
誤差関数……69, 85
誤差の伝播……97
誤差論……156
固体の電子状態計算……67
固体のバンド計算……69
固体物性……168
粉……21
粉ひき屋……90
固有関数……124
ゴルトン……55
コルモゴロフ……3
コロンブスの卵……44, 45
混合原子価……160
混合配位数……160
混合物……19
混成……157
近藤良夫……149, 151
コントロール……134
コンボリューション……77

〔さ行〕

サイコロ……4
再実験……26
採取量……27
最小2(二)乗法……3, 55, 60, 156
最大エントロピー……37, 44, 48, 49
最尤方程式……93
材料設計……124
材料の再現性……168
材料分析……89
酒井敏……125
錯イオン……160
酢酸……128
差の2次モーメント(差の分散)……10
サビツキー・ゴーレイ
……60, 61, 63, 75, 86, 138
錆びる……126
左右反転……77
酸……127
酸塩基……131
酸化還元……126, 130-132
酸化数……168
酸と酸化……126
酸味……127
酸溶解……19
三角関数……68
三角分布……6, 11, 17
残渣……19
残差2乗和……31, 60, 82, 93
サンプリング…4, 17, 19, 20, 27, 138, 139
サンプル(数, 量, サイズ)
……19, 21, 143, 144
シードポイント……24
ジェイカス……148, 151
ジェインズ……44, 46
時間領域……73
磁気モーメント……157
時系列……49, 55, 72, 137
試験電荷……84, 89
試験片……19
自己回帰……45, 49
事故原因の解明……141

自己相関 ………………26, 45, 48, 77, 153
仕事関数 ……………………………164
自在定規……………………………92
四捨五入 ……………………………119
自主的な改善 ………………………148
自助努力 ……………………………148
地震 …………………………………154
実験回数(条件, パラメータ)………15, 23
実数連続…………………………38, 123
質量エネルギー……………………69
質量分析 ……………………………168
自動運転(操縦, 翻訳)……………121-124
清水良一 …………………………2, 3, 8
シミュレーション…………………23
四面体 ………………………………157
射影…………………………………68
弱塩基 ………………………………128
弱酸 …………………………………128
シャノン……………………………39
重心…………………………………12
重曹 …………………………………130
自由度…………………………29, 31, 56
周波数空間…………………………77
シュウモン…………………………85
縮退 …………………………………157
シュトルム…………………………90
腫瘍マーカー………………………36
シュレディンガー方程式…………99, 112
循環的………………………………24
硝酸 …………………………………128
小数部分……………………………24
焼鈍…………………………………85
消費者の損失 ………………………141
情報エントロピー(情報量)……37, 38, 45
消泡剤 ………………………………134
証明 ………………………………109, 113
シリコンウエハ ……………………146
試料(準備, 調製, 前処理) …15, 19, 20, 23
シンギュラリティ …………………122
信号強度……………………………23
新宮秀夫……………………………39
シンクロトロン放射光 …………154, 162
信号………………………15, 23, 76, 135, 144
人工知能 ……………………………121
シンプソン ……………………………3, 7, 8
信頼水準……………………………34
信頼性のある数値…………………33
心理学 ……………………………142, 144
水酸化カリウム ……………………128
水酸化カルシウム …………………128
水酸化ナトリウム …………………127
水酸化物 ……………………………160
水質汚濁防止法……………………33
水素イオン ………………………126, 127
数値積分 ……………………………114
スクリーニング……………………36
裾……………………………………13
すっぱい ……………………………126
ステップ関数 ……………………85, 90
ステップ幅…………………………83
ステンレス鋼………………………81
スピン ………………………………168
スプライン ………………46, 79, 92, 94
スペクトル推定 …………………48, 53
スポーツ ……………………………149
スムージング …61, 64, 75, 79, 86, 87, 125
スレーター行列 ……………………158
正確さ, 精確さ……………………145, 146
正規分布……………………2, 4, 85, 112
制御…………………………………21
正極 …………………………………132
正規乱数……………………………58
生産者の損失 ………………………141
正常系 ………………………………123
整数空間 ……………………………123
静電エネルギー……………………69
静電気力 ……………………………154
精度……………………………27, 145
精密検査……………………………36
精密さ ………………………………145
赤外スペクトル ……………………137
積算時間 ………………………15, 76, 144
赤攝也…………………………38, 152
石炭の輸入…………………………19

積率(母関数) ……………………………7, 9
節点 ………………………………92, 94
摂動 ……………………………………162
セドン …………………………………147
線型応答 ……………………………89, 90
線形性……………………………………85
全数検査…………………………………21
銑鉄一千万円事件 ……………………146
尖度………………………………………13
専門家証言 ……………………………169
走査～顕微鏡 ………………27, 28, 150
装置関数…………………………………78
装置設計…………………………………23
相補的 …………………………………158
測定(回数, 精度, 体積, 面積)…15, 23, 144
粗視化……………………………………23
組成…………………………………21, 168
測光法 …………………………………156
存在するものを見逃す ………………141

〔た行〕

第 1 種の過誤 ………………137, 140
対角和……………………………………54
対照(群, 実験)…………………………134
代数化 …………………………………107
代数方程式 ……………………………122
対数尤度…………………………………93
対立概念 ………………………………125
たいていの観測の場合 …………………2
第 2 種の過誤 ………………137, 140
高橋秀俊 ……………103, 104, 109, 111
竹内啓 ……………………8, 14, 43, 102
多孔質セラミックス …………………131
たこ焼き器………………………………69
多電子波動関数 ………………………158
ダニエル電池 …………………………131
ダブレット………………………………82
試し解……………………………………68
単位電荷…………………………………84
炭酸カルシウム ………………………130
炭酸水素ナトリウム …………………130
チェビシェフ ……………………………3
窒素固定酵素 …………………………157
中央値 ……………………………………4
中国語 …………………………………126
中條利一郎………………………………80
中心極限定理 ……2, 4, 14, 17, 18, 27, 113
中性子 …………………………………170
超越数 ……………………………122, 123
長周期……………………………………24
超伝導材料………………………………89
調和振動子………………………………58
調和分析 ………………………………103
直流成分…………………………………67
直感 ……………………………………113
直交………………………………………67
沈殿………………………………………19
ツァリス ………………………………153
低域通過フィルタ………………………74
ディープラーニング …………121, 122
ディクソンの Q…………………………34
低スピン錯体 …………………………160
ディラック ………………………66, 69
ディリクレ ……………………………105
定量下限 ………………………………135
デコンボリューション…………77, 78, 81
デジタル情報 …………………………123
テスター ………………………………133
テスト・チャージ………………………84
データ加工 ……………………………125
デタラメ…………………………………18
鉄化合物 ………………………………157
寺沢寛一 ……………………103, 104
寺田寅彦 ……………100, 102, 109, 152
寺田の法則 ………………109, 113, 152
電極電位 ………………………………132
電源プラグ ……………………………146
電子顕微鏡 ………………………150, 168
電子の授受 ……………………………131
電子ビーム ……………………………149
電子プローブ X 線マイクロアナライザー
…………………………………………149
電子(分光)…………………………46, 168
電子レンジ ……………………………169

伝達関数……75, 103
電池……126, 131
電離……89
電流と電圧……103
トゥキディデス……143
東京大学教養学部統計学教室……32, 144
統計的手法……122
統計的ゆらぎ……135
統計物理(力学)……40, 164
統制群……134
とがり……13
特性X線……149
特性関数……3, 7, 68, 99
度数分布……17
トップダウン……123, 169
トムソン……90
ド・モアブル……3
トラブル……123
トレードオフ……23

〔な行〕

内殻……89, 117, 166
内積……66
無いものを有ると判定……141
ナノテクノロジー……169
生データ……125
軟X線発光分光……89
二酸化炭素……128
西堀榮三郎……149, 151
ニュートンの法則……104
人間ドック……36
認証活動……148
抜き取り検査……141
ネガティブ……168
熱処理……85
熱伝導……68, 104, 106, 112
熱と温度……103
熱力学第2法則……37
燃焼……126
粘性……104
濃度……15, 76
ノコギリ波……48
ノッティンガム……90

〔は行〕

パーキン・エルマー……61
ハーゲン……3
配位子場……157, 158
配位数……168
排水基準……33
バイト……37
パウリの排他律……118
薄膜拡散……85
外れ値……34, 55, 156
パターン認識……38
はたらきかけ……103
八面体……157
バックグラウンド……58, 82, 135
発見者・研究者の論……141
発想の逆転……104
波動関数……116
バネ……101
ばね定数……89
馬場涼……32
ハミング窓……73
林周二……32, 57, 144
バラツキ……20, 21, 27, 33
バルク……168
犯罪者……141
反省……169
半値全幅……4
半値幅……4, 13, 59
半値半幅……6
反跳……117
半電池反応式……132
半透膜……131
半反応式……131
輻射抵抗……58
ハンマー……88, 89
ハン窓……73
ピーク高さ(面積)……135
ピークトップ……14
ピーク分離……78, 81
非加算的……153, 154

光吸収 ……………………………………154
非関税障壁 ………………………………147
ビクトリア朝時代のインターネット
………………………………………… 108
微視的状態…………………………………40
微量不純物 ………………………………135
非線形方程式………………………………42
ヒ素 ………………………………………134
ビッグデータ ……………………………121
ビット………………………………………37
筆名…………………………………………32
一船…………………………………………19
卑な電位 …………………………………133
日野幹雄 ……………………14, 45, 47, 53
標準誤差……………………………………31
標準状態 …………………………………133
標準水素電極 ……………………………133
標本分散……………………………………31
表面 ………………………………………168
表面粗さ……………………………………21
表面研磨……………………………………19
表面分析 …………………………………168
表面硬化処理………………………………85
品質改善 …………………………………147
品質管理 …………………………………146
ファインマン ………………114, 118, 119
フィックの法則 …………………………104
フーリエ……………………………………70
フーリエ解析（級数展開）…………67, 101
フーリエの（第2）法則 ……104, 112, 117
フーリエ変換（分光）……………8, 49, 59,
68, 72, 75, 78, 99, 103, 125, 168
フェルマーの定理 ………………………109
フェルミエネルギー ……………………163
フェレドキシン …………………………157
フェロシアン化カリウム ………………157
フォン・ノイマン…………………………18
不確定性原理 ……………………………116
布川昊 ……………………………106, 111
負極 ………………………………………132
不均一………………………………………20
不自然な測定パラメータ ………………144
節点 ……………………………………92, 94
不純物原子…………………………………27
不確かさ……………………………33, 145
物質情報…………………………………169
物理計測……………………………18, 143
浮遊粒子状物質……………………………19
ブラウン運動 ……………………………153
プラスチック製試験管 …………………134
ブラックボックス…………………………90
ブランク ……………………………134, 135
ブリルアン…………………………………38
ブルグ………………………………………44
古谷圭一 …………………………………151
プロトンの授受 …………………………131
分解能 ……………………………23, 53, 138
分光器………………………………………77
分子軌道……………………………66, 157
文書化 ……………………………………148
分析化学用語 ……………………………145
分析試験所…………………………………20
分析対象 ……………………………………19
粉体…………………………………………19
フント（Hund）の規則 …………………160
分母 ………………………………………166
平滑化……………………………61, 75, 87
平均値の標準偏差, 平均誤差 …………31
平衡状態……………………………………40
平行スピン ………………………………160
ベイズ………………………………95, 170
ベクトル解析 ……………………………109
ベッセル ……………………………………3
ヘビサイド（ヘヴィサイド）
……………………… 104, 106-108, 111
ヘモグロビン ……………………………157
偏平度………………………………………12
ポアソン方程式……………………………84
ポアンカレ予想 …………………………109
ボイル ……………………………………127
放射線計測…………………………………59
法廷のアナロジー ………………………142
母関数 ……………………………6, 7, 105
母集団……………………………29, 140

ボゾン …………154
ポテンシャル…………90
ボトムアップ …………169
母分散…………31
ボルツマン…………42, 153

〔ま行〕

マイクロビーム分析 …………168
マイル …………146
前田浩五郎…………80
マグネタイト …………160
摩擦 …………58, 89
窓関数 …………74, 75
マニュアル …………125
マヨラナ …………125
マルコフ …………3, 170
見かけの周期 …………153
ミクロカノニカルアンサンブル ……109
水垢 …………130
密度関数…………56
密度分布…………44
南茂夫…………80
無鉛はんだ …………146
無作為 …………21, 31
無実の被告人 …………141
メイアー …………170
メスバウワー分光 …………162
メスフラスコ…………20
めっき…………85, 131
メッシュ…………26, 115
メンデル …………140
モーメント（母関数） …………7, 9, 96, 99
模擬（実験）データ
…………52, 58, 72, 79, 81, 83, 102
モナコ王国…………18
モル濃度 …………128
モンテカルロ
…………14, 18, 21, 23, 26, 27, 32, 143, 170

〔や行〕

ヤング …………3
有意 …………136, 142
溶解度 …………166
有限長…………50
誘導結合プラズマ原子発光…………29
ゆがみ…………12
湯煎 …………134
輸送現象論 …………104
ユニーク…………44
陽イオン …………132
窯業…………85
陽極 …………132
溶質濃度…………85
容認…………21
予想 …………109
予測できていない事態 …………123

〔ら行〕

ラグ…………26
ラグランジュ …………3
ラプラス …………2, 70, 90
ラプラス確率論…………71, 106
ラプラスの特性関数…………99
ラプラス変換
…………53, 69, 70, 103, 105, 109, 124
ラマン分光 …………162
乱数 …………21, 23, 114
ランダム…………4, 45
リーゼガング現象 …………100
離散確率変数…………4, 10
離散的 …………4
リトマス …………127
硫酸 …………128
硫酸亜鉛 …………131
硫酸銅 …………131
粒度 …………19, 21
量子コンピュータ …………122
量子統計力学 …………117
シラードのエンジン…………38
リン酸 …………128
ルイスの定義 …………130
累積和 …………7
ルーチン…………34
ルジャンドル …………3

低分解能化……………………………23
レスポンス ……………………………103
連続関数 ……………………………4
連続固有値 ……………………………123
ローパス・フィルター ……………74, 75
ローレンツ関数(曲線) ……58, 64, 72, 78

〔わ行〕

歪度……………………………………12
和歌山カレーヒ素事件……………………35

著者略歴

河合　潤（かわい　じゅん）

1982 年　東京大学工学部工業化学科卒
1986 年　東大博士課程中退，東大生産技術研究所技官
1989 年　東大工博，東大助手，理化学研究所基礎科学特別研究員
1993 年　京都大学工学部助手
1994 年　京大工学部助教授，2001 年 同 工学研究科材料工学専攻教授

田中亮平（たなか　りょうへい）

2013 年　京都大学工学部物理工学科卒
2017 年　京大工学研究科博士後期課程修了〔博士（工学）〕
2017 年　京大工学研究科材料工学専攻助教

今宿　晋（いましゅく　すすむ）

2004 年　京都大学工学部物理工学科卒
2009 年　京大工学研究科博士後期課程修了〔博士（工学）〕
2010 年　マサチューセッツ工科大学博士研究員
2011 年　京大工学研究科助教
2015 年　東北大学金属材料研究所准教授

国村伸祐（くにむら　しんすけ）

2004 年　京都大学工学部工業化学科卒
2009 年　京大工学研究科材料工学専攻博士後期課程修了〔博士（工学）〕
2010 年　理化学研究所基礎科学特別研究員
2012 年　東京理科大学工学部工業化学科講師，2018 年 同 准教授

物理科学計測のための統計入門（ぶつりかがくけいそくのためのとうけいにゅうもん）
——分光スペクトルと化学分析への応用——（ぶんこうスペクトルとかがくぶんせきへのおうよう）
Data Analysis for Physical Sciences

2019 年 12 月 20 日　初版第 1 刷発行

著　　者　河合　潤・田中 亮平・今宿　晋・国村 伸祐
発 行 者　島田 保江
発 行 所　株式会社アグネ技術センター
〒 107-0062　東京都港区南青山 5-1-25
電話 (03) 3409-5329／FAX (03) 3409-8237
振替　00180-8-41975
URL https://www.agne.co.jp/books/
印刷・製本　株式会社 平河工業社

落丁本・乱丁本はお取替えいたします．
定価は本体カバーに表示してあります．

ISBN978-4-901496-99-5 C3043